땅심 살리는
퇴비 만들기

석종욱이 들려주는
내 땅 살리는
퇴 비 제 조 법

땅심 살리는 퇴비 만들기
ⓒ 석종욱 2013

초판 1쇄	2013년 10월 18일
초판 9쇄	2022년 1월 7일

지은이	석종욱

출판책임	박성규	펴낸이	이정원
편집	이동하·이수연·김혜민	펴낸곳	도서출판 들녘
디자인	김정호	등록일자	1987년 12월 12일
마케팅	전병우	등록번호	10-156
경영지원	김은주·나수정	주소	경기도 파주시 회동길 198
제작관리	구법모	전화	031-955-7374 (대표)
물류관리	엄철용		031-955-7381 (편집)
		팩스	031-955-7393
		이메일	dulnyouk@dulnyouk.co.kr
		홈페이지	www.dulnyouk.co.kr

ISBN	978-89-7527-972-9 (14520)	CIP	2013004238
	978-89-7527-160-1 (세트)		

이 도서의 국립중앙도서관 출판예정도서목록(CIP)은 서지정보유통지원시스템 홈페이지(http://seoji.nl.go.kr)와 국가자료공동목록시스템(http://www.nl.go.kr/kolisnet)에서 이용하실 수 있습니다.

값은 뒤표지에 있습니다. 잘못된 책은 구입하신 곳에서 바꿔드립니다.

땅심 살리는 퇴비 만들기

석종욱이 들려주는 내 땅 살리는 퇴비제조법

| 석종욱 지음 |

들녘

| 저자 서문 |

　예로부터 "밥상이 몸에 보약이다"라는 말이 있습니다. 그 밥상의 재료는 땅이나 바다에서 제공됩니다. 만약에 그 밥상 재료의 주생산지인 땅의 힘(지력)이 낮아져 올바른 영양가에 문제가 있다면 옛날처럼 보약의 효과가 100% 있다고 할 수가 있을까요? 그리고 직접 농사를 짓는 농가들도 품질과 수확량에서 만족할 수가 있을까요? 필자는 이런 생각을 자주 해왔습니다.

　이의 해결책으로 전국의 농가에서는 이미 오래전부터 각종 퇴비와 유기질비료를 만들거나 구입하여 많이들 사용하고 있습니다. 하지만 소수의 일부 농가를 제외하고 이에 대한 중요성이나 관심이 부족한 것도 사실입니다.

　지금 서점에 가보면 각종 채소와 과수, 인삼을 포함한 약용작물, 그리고 수도작과 심지어 최근 붐을 조성하고 있는 도시농업에 이르기까지 많은 책들이 진열되어 있습니다. 그런데 그 책들에는 모든 농사에 퇴비를 사용해야 하고 어느 정도의 양을 사용해야 한다는 것에 대해 일부 적혀 있긴 하지만, 어떤 퇴비가 좋은지, 어떻게 만들어야 하는지를 알려주는 책은 별로 눈에 띄지 않습니다.

　땅심을 나타내는 가장 기본적인 것은 토양 유기물입니다. 그러나 무

조건 이를 높이기 위해 볏짚 같은 생유기물을 한꺼번에 많이 넣거나 비료 성분이 높은 가축분을 발효도 시키지 않은 채 다량 넣어 차라리 몇 년 동안 안 준 것보다 못한 경우가 많고, 유박을 퇴비 대용으로 사용해서 피해를 보는 사례도 많습니다. 이는 퇴비에 대한 기초 상식이 부족해서일 것입니다.

최근 우리나라는 친환경농업이 대세입니다. 무농약재배나 유기재배는 화학합성 농약을 사용할 수가 없습니다. 그 대책으로 연작 장해에서 오는 선충 피해나 각종 토양병 방제는 여러 가지가 있겠지만, 잘 발효시킨 퇴비로 해결하는 것이 가장 좋은 방법일 것입니다. 이런 실례는 우리 주위에서 수십 년 동안 한곳에서 연작을 해오는 유기농장에서 많이 찾아볼 수가 있습니다.

인터넷 자료(미네랄, daum)를 보면, 자연계에는 92종의 천연원소와 이론상으로 관찰되는 22종의 추가원소가 있는데 이 92종의 천연원소 가운데 82종이 인체 내 조직과 체액에서 발견되었다고 합니다. 인체에 필요한 천연원소는 농작물에서 공급되어야만 하고, 이 다양한 천연원소를 농작물이 갖도록 하려면 땅속에 이것들이 항상 보유하고 흡수할 수 있도록 좋은 유기물을 농토에 계속 보충해주는 방법밖에 없습니다.

그런데 벼 재배의 예를 들어봅시다. 추수 후 볏짚은 거의 대부분이 소의 조사료로 수거됩니다. 이 조사료를 먹인 후에 배설물을 발효시킨 다음 논으로 다시 되돌려야 땅심이 유지되고 각종 원소가 순환 공급이 되는데 그렇게 안 되는 것이 문제입니다. 흔히 어떤 작물에는 뭐가 좋으니

해도 가장 좋은 보약은 자신의 죽은 유체를 되돌려주는 것입니다.

최근 먹을거리 영양에 관한 자료 두 건을 입수한 바가 있습니다. 그 가운데 철분을 예로 들어보겠습니다.

첫 번째는 〈일본신생신문〉의 보도입니다(2011년 11월). 이 보도에 따르면, 일본 식품기준 성분표에 1950년도의 시금치 철분 성분이 13mg이었는데 2005년도에는 2mg으로 1/6로 줄어들었고, 당근과 양배추도 이와 동일하다고 합니다. 두 번째는 미국 자료로, 1914년도에는 사과의 철분량이 4.6mg인 데 비해 1992년도엔 0.18mg으로 1/26로 줄어들었다고 합니다. 이 말은 78년 전에 먹었던 사과 1개의 철분량을 확보하려면 사과 26개를 먹어야 한다는 뜻이 됩니다.

또 미국 상원 문서 264호에 따르면, 미국 국민의 99%가 미네랄(영양소로서의 광물질) 부족 상태라고 합니다. 그 이유는 뭘까요? 대부분의 땅에 각종 미네랄이 고갈되어 있어 그곳에서 농작물을 재배해도 흡수를 할 수가 없기 때문입니다. 그리고 미네랄이 부족하면 비타민도 소용이 없다고 합니다. 300년 역사의 미국 상황이 이렇다면, 반만 년 동안 농사를 지어온 우리나라 땅에서 생산된 농작물은 어떨까요? 이 의문에 대한 답은 독자 여러분의 상상에 맡기기로 하겠습니다.

필자는 30여 년 동안 퇴비제조업과 10여 년 전에 시작한 유기농업 현장에서의 삶을 통해, 양질의 퇴비 없이는 땅심을 살릴 수가 없고 땅심이 없으면 사실상 친환경농업, 특히나 유기농업이 불가능하다는 것을 잘 알고 있습니다. 퇴비에도 명품이 있습니다. 어떤 퇴비를 사용하느냐가 땅심을 높이고 병충해를 예방하는 가장 큰 핵심이기 때문입니다.

그리고 땅심이 안 좋은, 다시 말해 토양 유기물이 매우 낮은 땅에서 유기재배 인증을 받아 농약만 검출되지 않으면 된다는 식의 사고로 액비(물비료)와 미생물로만으로 재배한다면, 앞으로 연작도 불가능하고 고품질의 농산물이 나올 리가 없습니다. 이는 크게 잘못된 생각입니다. 기본적으로 퇴비와 녹비작물을 재배해 토양 유기물을 높여 땅심을 어느 정도 확보한 후에야 미생물만으로도 유기농업을 할 수가 있고 실제 이렇게 하는 곳도 있습니다.

저는 그동안 책을 내는 분들을 보면 정말로 부러웠고 존경하는 마음을 금치 못했습니다. 그러면서 저는 책을 쓸 자격이 없다고 항상 생각해 왔습니다.

그런데 최근에 마음의 변화가 생겼습니다. (사)흙살림과 전국의 농업기술센터, 농협경주환경농업교육원, 농업마이스터대학, 각 시도 농업기술원, 서울지역 도시농업 등의 여러 곳에서 매년 토양 관리, 특히 땅심을 빨리 살리는 퇴비에 대한 강의를 수없이 해오면서, 짧은 시간 안에 수강생들에게 내가 알고 있는 부분을 온전히 전달할 수가 없음을 알고 이를 묶어서 책을 만들어보기로 했습니다.

그동안 이 분야에 종사하면서 모은 30여 권의 국내외 퇴비에 관한 책들과 또 현장에서 겪었던 경험담을 이번 책에 담는다고는 했지만 부족한 것이 많습니다. 그러나 어떤 작물을 재배하든 퇴비가 필요한 모든 농가를 비롯해 도시농업을 하는 분들에게 조금이라도 도움이 될 수 있다는 생각은 갖고 있습니다. 특히 친환경농업(유기재배)을 하는 분들은 꼭 한 번 읽어달라는 부탁을 드리고 싶습니다.

지나온 날들을 되돌아보면, 톱밥퇴비를 처음 개발할 때부터 필자는 실로 많은 분들에게 도움을 받았습니다.

37년 전 국내에서 톱밥이 공해물질로 천덕꾸러기일 때 미국에 연수(13개월간)를 보내주어 목재퇴비가 최고임을 배우게 해준, 지금은 작고하신 반도목재(주)의 故 정해덕 사장님과 지금은 캐나다에 계신 조정실 사모님, 그리고 일본에서 제일 먼저 톱밥퇴비를 개발해 1960년대부터 기술을 보급해오신 효소의 세계사 시마모토 구니히코島本邦彦 명예회장님의 지도와, 수시로 이 회사와 일본의 자료를 챙겨서 보내주신 일본 동양산업(주)의 조희길 사장님의 도움이 컸습니다.

그리고 퇴비 발효와 유기재배를 하면서 수시로 미생물에 대한 분석과 자문을 해주신 경상대학교 응용생명과학부 정영륜 교수님(현 한국농업미생물연구회 회장), 국내의 과학적 유기농의 선두주자인 (사)흙살림의 이태근 회장님과 임직원들의 도움, 또 최근에 일본 자연농법 국제연구개발센터의 자료 수집과 견학을 도와준 (주)코린 코리아 등에 진심으로 감사를 드립니다.

또한 출판에 대해서 많은 조언을 해주신 (주)농경과 원예의 김수경 부소장님과 직접 책을 만들어주신 도서출판 들녘에도 감사를 드립니다. 초판이 농가들의 호응을 얻어 매진되고 퇴비와 관련하여 이번에 못 다한 이야기들과 신기술을 보충하여 앞으로 독자 여러분과 지속적으로 2판, 3판에서 만나뵙기를 두 손 모아 기도해봅니다.

그동안 주말에 원고를 정리한다고 세 살 난 손자를 자주 못 만났는데 이젠 만날 수가 있어 기쁘기 한량없습니다. 이 책의 내용이 현장 중심으로 엮어져 있어 이론적으로 맞지 않는 내용이나 잘못된 부분이 있다면 언제라도 지적해주시면 고쳐나갈 것입니다.

2013년 4월
부산 해운대에서 석종욱 昔鍾旭

| 추천의 글 |

드디어 퇴비에 관한 모든 것을 담은 책이 출간되어 기쁘기 한량없다. 사실 우리는 발효 민족이라 할 만큼 발효에 관한 한 타의추종을 불허했는데 발효 기술의 절정이라 할 만한 퇴비에 관한 책이 이제야 나온다니 조금 늦은 감이 없지 않다.

유기농의 근본은 흙에 있다. 흙이 살아야 유기농이 가능하다. 그럼에도 흙에 대한 관심은 별로 없고 각종 유기농자재에 관심들이 더 많은 게 안타깝기 그지없다. 당장당장 수확을 많이 내야 하는 현실 때문이다.

사실 흙을 살리려면 시간이 걸린다. 그렇지만 흙은 한번 살아나면 여느 농자재를 공급해주는 것보다 더 큰 효과를 낼 수 있다. 대부분 병해충의 근본은 흙이 망가져서 온다. 흙이 살아나면 흙속에 미생물이 다양해지고 유익 미생물들이 뿜어내는 천연 항생제가 농약 역할을 하는 원리 때문에 살아 있는 흙에는 병해충이 극성을 부리지 못한다.

흙을 살리는 방법은 퇴비 만들기가 근본이다. 이 책의 저자 석종욱 선생님은 퇴비에 관한 한 우리나라 최고의 권위자이시다. 선생은 전통적인 방법을 현대 농업에 결합하여 우리 유기농업의 새로운 지평을 열어가고 있다. 사실 전통적인 방법만으로는 농사 안 짓는 대다수 국민을 먹여 살리기 어렵다. 무조건 다수확만을 목적으로 하는 현대 농업은 땅을 너무 망가뜨려 놓았다. 이렇게 땅이 망가져서 더 이상의 다수확조차 불가능한 현실로 빠져들고 있다. 다수확보다는 땅의 지속적인 생산성을 지켜가는 데 더 효과적인 전통농업의 지혜를 살리면서도 어느 정도의 다수확이 가능하다면 현대 농업의 문제를 돌파할 가능성이 열릴 것이다. 그 핵심에 바로 퇴비가 있다고 나는 생각한다. 귀농자들도 당장당장의 수확물을 높이는 것보다 땅심을 살리는 데 관심을 가지고 공부를 해야 장기적인 영농 전략에 도움이 된다.

요즘은 퇴비를 만들어 쓰기보다 사다 쓰는 농부들이 점점 더 많아지고 있다. 파는 퇴비들의 질도 문제일 뿐만 아니라 생산 비용이 더 드는 것도 문제인데, 그 무엇보다 순환형 퇴비와 거리가 멀다는 게 근본 문제다. 파는 퇴비들의 원재료는 무엇인가? 요즘은 거름도 수입하여 쓰는 세상이다. 축분조차도 그 원재료가 수입 사료라는 점을 보면 똥조차 수입해 쓰는 세상이 되고 말았다. 신토불이가 무색해진 세상이 된 것이다. 몸과 흙이 하나가 되려면 그 흙에 들어가는 퇴비도 이 땅에서, 이 지역에서, 내 땅과 내 몸에서 나온 것이어야 한다. 바로 순환형 거름이 중요한 것은 이 때문이다. 다수확 때문에 불가피하게 외부에서 돈 주고 사올 수도 있겠지만 그래도 내 땅과 내 몸에서 나오는 유기 폐기물을 퇴비로 만들어 쓰는 기술이 절실하다. 석종욱 선생의 이 책이 나오면 내 손으로 약이 되는 퇴비를 만들어 쓰는 세상이 한 발짝 앞으로 다가올 것 같아 기대가 크다. 귀농자 및 유기농 농부님들이 꼭 필독하길 권한다.

(사)전국귀농운동본부 상임대표
정용수

땅심살리는 퇴비 만들기

| 차 례 |

저자 서문 _4
추천의 글 _10
들어가는 글 _16

제1부 먹을거리 생산과 흙의 관계

1. 땅심이란 무엇인가? _20
2. 땅심이 갖춰야 할 조건은 무엇인가? _22
3. 유기물과 무기물은 어떻게 다른가? _33
4. 왜 퇴비를 많이 넣어야 하는가? _33
5. 토양 검정 _34
6. 토양의 유기물과 부식 _52
7. 연작 장해의 원인과 대책 _75

제2부 좋은 퇴비의 제조법

제1장 퇴비 96
1. 퇴비란 무엇인가? _96
2. 퇴비의 종류와 사용 원료 _98
3. 원료가 오염된 퇴비는 농사에 바로 피해를 준다 _104
4. 퇴비를 제조하는 목적 _105
5. 퇴비화 과정 _107
6. 발효 온도에 따른 균과 기생충의 사멸 관계 _108
7. 퇴비는 호기성 발효가 좋은가, 혐기성 발효가 좋은가? _112
8. 완전퇴비와 불완전퇴비란 무엇인가? _117

9. 발효퇴비와 썩은 퇴비의 차이는 무엇인가? _118
10. 발효 기간에 따른 선충 조사 _118
11. 발효 기간에 따른 시판 퇴비의 방선균류 밀도 조사 _119
12. 외류의 덩굴쪼갬병에 톱밥우분 발효퇴비를 사용한 효과 _121

제2장 퇴비의 제조 122
1. 퇴비 과정의 단계 _122
2. 퇴비 제조의 기본 공정도 _123
3. 가장 오래가고 연작 장해를 해결할 수 있는 퇴비는? _126
4. 땅심을 높이는 가장 빠르고 효과적인 소재는 톱밥퇴비 _128
5. 우리나라 부숙왕겨와 부숙톱밥의 역사 _129
6. 톱밥퇴비의 개발에 얽힌 이야기들 _132
7. 톱밥퇴비의 제조 _135
8. 각종 퇴비의 제조 _154

**제3장 도시농업(가정원예)을 위한
각종 퇴비의 제조법과 사용법 165**
1. 음식물 찌꺼기로 퇴비 만들기 _167
2. 부엽토 만들기 _168
3. 가로수와 정원의 낙엽으로 퇴비 만들기 _170
4. 가정에서 퇴비 만들기 _174

제3부 부산물비료 중 퇴비와 유박의 차이

1. 비료의 종류 _180
2. 부산물비료의 종류 _181
3. 퇴비에 생유기물을 사용할 때의 주의사항 _184
4. 토양에 사용하는 유기질원은 반드시 발효된 제품으로 _184
5. 혼합발효 유기질비료란 무엇인가? _185

제4부 **녹비작물의 활용**

1. 녹비작물이란? _192
2. 녹비작물의 종류 _193
3. 녹비작물의 작용 _193
4. 작부체계별 녹비작물의 이용 효과 _195
5. 주요 녹비작물이 비료를 대체하는 효과 _196
6. 주요 녹비작물의 재배 및 벼농사에 이용하는 기술 _197
7. 특수 목적으로 이용할 수 있는 녹비작물 _205

제5부 **토양 만들기**

제1장   땅심 좋은 흙을 만들기 위한 3가지 요소   210

제2장   토양의 진단과 처방   213
1. 점질인가, 사질인가? _214
2. 물 빠짐이 좋은가, 나쁜가? _215
3. 토양의 유기물 함량이 많은가, 적은가? _215
4. 산성인가, 알칼리성인가? _215
5. 기타 토양 양분의 과부족 상태는? _216
6. 논토양의 개량 _216

제3장   토양을 개량하는 방법   217
1. 물리적인 개량 _218
2. 화학적인 개량 _218
3. 생물적인 개량 _219

제4장 땅심 높이기의 핵심　221
　1. 퇴비 재료의 선택 _221
　2. 퇴비 발효 방법의 선택 _222
　3. 퇴비의 종류별 적정 부식 함량을 높이는 데 필요한 예상량 _223

제6부 친환경농업의 토양 관리 계획

　1. 논밭의 토양 분석 _226
　2. 토양 유기물 함량의 유지 _226
　3. 토양 산도(pH)의 교정과 주의사항 _227
　4. 토양 미생물상 개선과 토양 소독의 판단 _227
　5. 돌려짓기와 사이짓기 체계의 확립 _228
　6. 양분을 공급하는 방법과 순서 _229
　7. 제초제를 사용하지 말고 토양의 생물 다양성을 유도 _230
　8. 오염되지 않고 산소가 풍부한 물을 사용 _230

부록
　1. 퇴비의 소재별 탄질률과 비료 성분의 함량　232
　2. 토양 분석서의 이해　235
　3. 토양 시료를 채취하는 요령　238
　4. 토양 생물과 미생물의 종류　241
　5. 퇴비의 품질을 검사하는 방법과 시료 채취 기준의 개정　250
　6. 소지황금출掃地黃金出합시다　251
　7. 주요 유기성 폐기물 종류별 중금속 함량 분포　257

참고문헌　257

| 들어가는 글 |

　정부는 1998년 11월 11일을 친환경농업의 원년으로 선포하고, 이후 각 분야별로 친환경농업에 필요한 지원책을 세워 시행하고 있다. 최근에는 자유무역협정(FTA)에 대비하여 농업경쟁력을 높이고자 기술 분야에서도 상당한 연구를 하고 있다. 현재 우리나라에서는 친환경농업만이 살 길이란 인식에 따라 정부와 농민 모두 열심히 노력을 기울이고 있다.
　친환경농업을 통해 지속적으로 안정된 고품질 농산물을 생산하려면 정책이나 생산, 유통 등을 포함한 전반적인 사항이 다 잘되어야겠지만, 특히 무엇보다 농업의 모체인 농지의 땅심(地力)이 뒷받침되어야 한다.
　땅심을 확보하는 데 가장 필요한 것이 유기물이다. 무조건 유기물만 주면 땅심이 좋아진다고 생각하는 분들이 많은데 그렇지 않다. 생生유기물을 사용하면 땅속에서 발효가 일어나 작물에 피해를 주기 때문에, 이를 미리 발효시켜 퇴비로 만든 뒤에 사용해야 한다. 시중에 유통되는 퇴비 중에는 정상적으로 완전 발효시킨 것을 찾기가 힘들다. 상당수가 원료에 가까운 덜 부숙된 미숙퇴비이다. 흔히 알갱이(pellet)로 만들어 사용하는 유박 역시 생유기물로, 땅심을 살리는 데는 적합하지 않다.

이 책에서는 퇴비를 만들기 위한 재료 선택에서부터 기술적인 제조방법과 사용 효과 등에 대해 설명한다. 올바른 퇴비를 구입하려는 분들, 또한 직접 퇴비를 제조하여 활용하려는 분들에게 작은 힘이나마 보탬이 되었으면 한다. 모든 농사, 특히 친환경농업(유기농업)에 힘을 쏟는 분들이 꼭 일독해주셨으면 하는 소망이다.

제1부
먹을거리 생산과 흙의 관계

1. 땅심이란 무엇인가?

농업의 모체는 흙이다. 흙에 종자나 모종을 심어 물과 양분을 공급해서 자라게 하고, 다 자라면 수확하여 인간이 먹는다. 그런데 이 재배과정에서 오염이 발생한다면 어떻게 될까? 또 땅심(지력)이 부족하면 어떻게 될까? 오염물질은 먹을거리를 통해 우리 몸에 들어올 것이고, 땅심이 약한 곳에서는 절대로 좋은 먹을거리를 생산할 수 없을 것이다.

   토양의 주성분 10가지와 우리 몸의 주성분 10가지를 분석하면 서로 동일하다고 한다. 이 말은 결국 건강한 토양에서 재배한 농산물을 먹으면 몸도 건강해지고, 병든 토양에서 재배한 농산물을 먹으면 몸도 병들 수 있다는 것을 뜻한다.

   여기에서는 벼농사에서부터 과수와 인삼을 포함한 약용작물 및 시설원예 등 모든 농업 분야와 요즘 각광을 받고 있는 도시농업에서 좋은 먹을거리를 생산하는 데 가장 기본이 되는 땅심에 대해 살펴보기로 한다.

땅심이란 무엇인가? 한마디로 땅심은 건강한 농작물을 생산하고, 농작물의 생산량을 높일 수 있는 땅(흙)의 힘을 말한다. 토양 미생물이 조화를 이루고, 작물이 양분을 골고루 흡수할 수 있으며, 작물의 뿌리가 땅속 깊이 넓게 퍼져 양분을 잘 흡수할 수 있는 땅을 가리켜 땅심이 좋다고 한다. 즉, 땅심이 좋은 흙이란 토양의 물리화학적 조건(물, 공기, 양분, 온도, 빛, 유해인자가 없는 미생물)이 잘 갖추어진 흙을 가리킨다.

이와 같은 토양의 물리화학적 조건을 갖추는 데 가장 중요한 역할을 하는 것이 바로 발효퇴비와 혼합발효 유기질비료이다.

채소 재배에 적합한 공극률[*]과 토양의 삼상 분포

공극률	고상	기상	액상
60%	40%	28%	32%

식양토의 토양부식 함량과 공극률

토양부식 함량	1.8%	2.0%	3.0%	3.5%	4%
공극률	45%	49%	56%	56%	60%

* 토양의 입자와 입자 사이의 빈틈을 차지하는 비율

2. 땅심이 갖춰야 할 조건은 무엇인가?

①통기성 ②보수성 ③배수성 ④보비력 ⑤적정한 산도 ⑥적정한 지온 유지 등의 조건과 ⑦다공질의 흙, 부드러운 상태의 단립團粒 구조, 즉 떼알구조를 갖춰야 한다.

땅심이 좋은 토양을 만들기 위해 중요한 몇 가지를 나열하면 다음과 같다.

(1) 토양 속에 서식하는 토양 미생물

건강한 흙 1g에는 현재 배양기술로 찾아낼 수 있는 미생물이 10억 마리 이상이 살고 있다고 한다. 그 정도까지는 아니어도 2억 마리 정도만 되어도 쓸 만한 좋은 땅이라고 할 수 있다. 그런데 1992년 11월의 자료에 따르면, 우리나라의 토양에는 미생물이 4천만 마리 정도밖에 없었다. 그로부터 20년이나 지난 지금은 이보다 훨씬 숫자가 줄어들었을 것이다. 처음 지구가 생겼을 때 약 1,000 종류의 미생물이 존재했으며, 이때 조류와 사상균, 방선균, 박테리아, 효모, 바이러스 등이 공생했다고 한다. 이 가운데 900여 종이 유효 미생물이고, 100여 종이 유해 미생물로 분류된다. 유효 미생물이 많으면 식물에 중요한 아미노산을 비롯해 저분자핵산과 비타민, 호르몬 등이 분비되어 작물의 수확량을 높이는 것은 물론, 맛과 색깔, 향기, 저장성 증대 등 품질을 향상시키고 양분의 함량을 높여준다. 그러나 뿌리 주변에 유해 미생물이 더 많으면 이 유해 미생물들이 각종 병을 일으켜 뿌리가 괴사하는 등 큰 피해를 볼 수 있다. 그러므로 유익한 미생물이 많이 살 수 있는 토양을 만들수록 땅심이 좋아진다.

(2) 토양의 유기물 함량

살아 있는 흙을 만들려면 최소한 토양의 유기물 함량이 4.0~5.0% 이상이 되어야 한다. 토양 유기물은 부식(humus)이라고도 하며, 퇴비와 같은 유기물질이 토양에 들어가 각종 미생물의 분해작용을 거친 뒤에 남는 유기물과 회분 그리고 미생물의 사체가 합쳐진 복합체를 가리킨다. 이 토양 유기물은 일반적인 흙보다 약 20배의 양분과 6~10배의 수분을 보유하여 이를 서서히 토양과 작물에 공급하고, 미생물의 먹이가 됨과 동시에 미생물의 활동을 돕는다. 또한 분해가 되면서 작물에 중요 양분과 각종 미량요소를 공급하고, 토양의 옷과 같은 역할도 한다.

토양의 유기물(부식) 함량이 5% 정도가 되면 토양 환경이 좋아져 각종 미생물이 다량으로 발생해 서식하며, 이에 따라 지렁이와 곤충 등도 늘어난다. 이 생명체들은 언젠가는 죽으며, 토양 속에 10a(300평)당 약 700~1,000kg 이상 차지한 이 사체들이 분해되면 작물 성장의 중요한 필수 영양분이 된다. 토양 생물의 사체에 함유된 질소 성분을 살펴보면, 700kg의 사체에 단백질이 40%를 차지하며 그 가운데 질소가 16% 함유되어 있다. 이를 계산해보면 700kg×40%(0.4)×16%(0.16)=44.8kg의 질소 성분이 발생한다. 이러한 질소를 유기태질소 또는 지력질소라고 부르는데, 무기태질소와는 전혀 다른 형태이다. 이 정도의 질소 성분은 요소비료 5포대를 사용한 양과 같다.

현재 우리나라의 평균 유기물 함량은 논의 경우 2.2%, 밭은 1.9% 정도로, 필요한 토양 유기물의 절반밖에 되지 않는다. 작물에 필요한 질소 성분의 경우 최소한 4~5% 이상 토양 유기물 함량을 유지해야만 따로 질소질을 공급하지 않거나 소량만 보충해주어도 농사를 지을 수 있다. 농촌진흥청의 자료에도 유기물 함량이 2.1%인 논의 토양에서는 무기태질소의 생성량이 300평당 약 4kg인 데 비해 3.5%인 경우에는 8kg이라 한다.

토양 유기물 함량이 수확량과 품질에 얼마나 큰 영향을 미치는지에 대해 실례를 들어보자.

경북 상주에서 오랫동안 논농사를 유기재배하고 있는 안종윤 씨의 경우, 1997년 처음으로 유기농인증을 받을 때 토양의 유기물 함량이 5% 이상이어야 인증받을 수 있어 당시에는 이렇게 까다로운 규정을 정한 공무원들에게 큰 불만을 토로했다고 한다. "유기물 함량을 5%로 올리기가 얼마나 어려운데 책상머리에 앉아서 이런 규정을 만들었느냐"고 항의하면서 유기농인증을 받았다고 한다. 이렇듯 농민들의 불만이 계속 커지자 3년쯤 지나 3%로 낮아졌다가 그 뒤에는 아예 이 규정이 사라졌고 지금까지도 없다.

최근에 이분을 만났는데 이런 이야기를 했다. 토양의 유기물 함량을 5%로 올려 유기농인증을 받은 그때부터 지금까지 300평당 쌀을 600kg 미만으로 수확한 적이 없고 품질도 최상품이라고 한다. 유기재배를 하면 수확량이 몇 년 동안은 관행농업의 평균치인 500kg(±20kg)보다 30% 정도 줄어든다고들 하는데, 이분은 땅심을 올려놓아 웬만한 이상

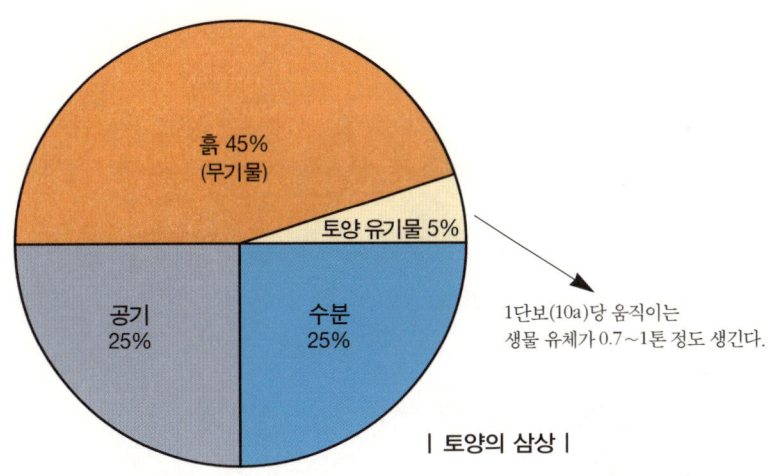

1단보(10a)당 움직이는
생물 유체가 0.7~1톤 정도 생긴다.

| 토양의 삼상 |

토양 유기물(부식)이란?
유기물(잔재물:리그닌) + 토양 미생물(사체:단백질) = 리그닌 단백복합체
(토양유기물=부식=휴머스)

| 완숙된 퇴비와 일반 퇴비에서 멜론의 생육 비교 |

| 볏짚을 조사료로 이용하려고 수집하는 모습 |

기후 등에도 거의 영향을 받지 않았다는 것이다. 매년 퇴비와 볏짚 등을 이용해 땅심을 유지하고 있으며, 그래서 이분은 그때의 공무원들에게 오히려 감사하다고 말한다.

(3) 중금속

중금속(수은·납·카드뮴·비소·구리·아연·니켈, 크롬)이나 각종 오염물질(유기화합물, 농약, 제초제 등)로 오염이 안 된 토양이라야 안전한 먹을거리를 생산할 수 있다.

일본의 자연농법

며칠 동안 일본의 자연농법 선진지역을 방문하는 기회를 가졌다. 3박 4일 동안 열차로 약 4,000km 이동하면서 일본에서도 이 분야의 최고인 자연농법 국제연구개발센터와 치타의 농장을 방문하여 견학과 토론의 자리를 가졌다. 예전부터 농민들에게 일본에 견학을 갔더니 농약과 화학비료를 전혀 쓰지 않고도 자연농법으로 농사를 잘 짓더라는 얘기를 자주 들어서 직접 확인하고 싶은 마음이 있었다.

몇 해 전 한국에서 선풍적인 인기를 끈 일본의 자연농법 실천가 기무라 아키노리木村秋則 씨의 『기적의 사과』를 읽으면서, 그분의 생각과 사상은 참 좋은데 자연농법으로 사과농사에 성공하려면 10년이나 기다려야 한다는 점에 아쉬움을 느꼈다. 지금 우리나라에서는 친환경농업이 대세이고, 이를 유기농업까지 끌어올리려고 안간힘을 쓰고 있다.

그렇다면 유기농업과 자연농업의 차이점이 무엇인지부터 정리해보자. 먼저 유기농업이란 일반적인 관행농업에서 화학비료와 농약(제초제 포함)을 쓰지 않고 농사짓는 것이고, 자연농업은 자연의 순환 리듬에 맞추어 자연계에 있는 풀과 미생물 및 모든 생물의 기능을 활용하여 살아있는 흙을 만들어 농사짓는 것이다. 이렇게 비교하면 유기농업보다 자연농업이 한 수 위라고 해도 지나친 말이 아니다.

현재 일본에서 유기농업(자연농업 포함)을 실천하는 농가는 11,680농가 정도이고, 252만 일본 전체 농가 가운데 유기JAS인정(한국은 '인증'이라 한다)을 받은 농가는 0.15%인 약 3,815농가라고 한다. 한국의 유기인증 농가가 약 13,000농가(2011년도 말)라고 하니 일본보다 유기농업 농가가 훨씬 많고, 또 인구비례나 농민 인구로 보더라도 상대적으로 일본보다 훨씬 비율이 높다는 것을 알 수 있다.

이 통계로 볼 때, 과연 한국의 유기농업 기술이 일본보다 우수하다고 할 수 있을까? 그리고 일본보다 더 좋은 유기농산물을 생산하고, 유기농업이 연작 피해 없이 지속적으로 가능하다고 할 수 있을까? 이러한 의문을 바탕으로, 일본의 자연농업에서 실천하는 기본 기술에 대해 살펴보도록 한다.

첫째, 땅심을 유지하는 기술이 가장 기본이다.

토양의 유기물 함량은 최소 5~8%를 유지하고 있었다. 퇴비를 사용하든 녹비작물을 재배하거나 볏짚 등을 사용하든, 기본적으로 토양 유기물을 확보하고 그 농장에서 발생하는 풀과 부산물 전부를 환원시키는 방법을 사용하고 있었다. 어떤 사람은 일본의 경우 화산회토라서 유기물이 5% 이상이지만 한국은 그렇지 않아 2~3%만 되어도 괜찮다고 하는데, 이는 잘못된 인식이다. 이번에 다녀온 일본의 자연농업 농장도 그렇고, 일본에 화산회토가 아닌 곳이 많기 때문이다. 쉽게 말하면, 기본적으로 땅심을 유지하는 데 필요한 만큼 퇴비나 녹비작물(풀도 활용) 등으로 토양의 유기물을 확보하여 매년 부족한 분량을 보충한다. 또한 미생물과 유기질 비료인 쌀겨와 유박, 어분, 혈분 등을 발효해서 넣어주고, 패화석이나 제올라이트(沸石) 등과 같은 천연물질도 함께 사용하여 땅심을 지속적으로 유지했다. 이번에 필자가 갔던 곳은 모암母岩이 퇴적암으로 20년 이상 자연농업으로 재배해온 농가로, 연작 피해 한 번도 없이 일본 최고의 농산물을 생산하고 있었다.

결국 그 핵심은 어떻게 흙을 건강하게 만들어 각종 토양 생물이 잘 활동하도록 하느냐, 즉 땅심이 최대한 발휘되도록 하느냐에 있었다.

둘째, 풀을 활용한다.

풀은 농사에 해를 준다고 하여 잡초라고 부른다. 그러나 이러한 잡초도 토양 비옥도에 큰 역할을 한다. 우리가 어렸을 때 흔히 보던 뱀밥(쇠뜨기)은 땅속 깊이 뿌리를 내려 칼슘 등의 미네랄을 흡수해 지상부로 끌어올려 표토에 되돌려준다. 그래서 쇠뜨기가 분해되면 표토의 산도가 조절되며 저절로 비옥한 토양이 된다. 참소리쟁이도 땅속에 굵은 노란색 뿌리를 내려 단단한 토양을 부드럽게 만든다. 이러한 풀들은 토양이 점차 좋아짐에 따라 사라지고, 그 대신 콩과의 살갈퀴나 토끼풀 등이 나타나며, 토양이 비옥해지면 별꽃 등으로 식생이 천이遷移한다. 이와 같은 식생의 천이는 토양이 비옥해지는 과정을 보여주는 지표이다. 그리고 논에서 자라는 풀은 토양 속에 지나치게 많은 암모니아를 흡수하여 토양을 정화하는 역할도 한다. 또 경사지에서는 토양에 유기물을 환원할 뿐만 아니라, 비옥한 표토의 유실을 방지하는 역할도 한다. 결과적으로 우리가 땅심을 높이려고 녹비작물을 재배하는 것과 마찬가지로 풀을 이용할 수 있다는 것이다. 녹비작물은 육종을 통해 야생풀을 개량한 작물이기에 종자 확보나 재배에 신경을 써야 하지만, 자연농법에서는 자연적으로 얻을 수 있는 풀을 활용하기 때문에 이런 수고를 덜 수 있다.

또한 잡초를 방지하는 기술도 상당히 개발되어 있었다. 예를 들어 당근을 재배할 때 태양열을 이용해 표토를 일정 온도에 맞춘 뒤 파종하여 재배했으며, 무 재배의 경우에는 파종하고 12~15일 뒤 고랑에 난 풀을 승용관리기로 한 번 긁어주고, 한 달 정도 자란 뒤에는 한 번 더 북을 돋아주고 수확할 때까지 제초작업을 전혀 하지 않아도 일반 관행재배보다 수확량이나 품질에서 뒤떨어지지 않는 유기JAS인정 농산물을 수확했다. 실제로 밭에서 무를 뽑아서 먹어보았는데 맛도 아주 좋았다. 앞으로 시간이 허락된다면 당근과 무, 호박 등 이 농장에서 재배하는 여러 채소의 자연농업 재배법을 정리해서 소개할 생각이다.

셋째, 숲 토양의 자기 시비 기능이다.

산에 있는 나무는 인위적으로 석회를 주거나 비료를 주지 않아도 낙엽이 수십 년 동안 쌓이면서 비옥한 땅을 만든다. 표토의 가장 상부에는 새로운 낙엽과 마른풀(퇴비자재=Ao₀층)이 있고, 그 바로 아래에는 썩은 나무(퇴비화된 것=Ao-F층)가 있으며, 그 아래에는 흙빛으로 떼알구조를 이룬 부식이라는 부드러운 흙(Ao-H층)이 있다. 이 부식에는 식물이 자라는 데 필요한 양분이 있고, 뿌리가 생육하기에 좋은 물리성을 갖추고 있다.

식물이 자라는 데 필요한 부식을 생성하는 것은 인간이 아니라 토양 미생물이나 지렁이 등의 생물이다. 그대로 놔두면 쓰레기가 될 낙엽을 보물로 바꾸어놓는 것은 토양 속의 생물들이다. 작물의 양분을 만드는 토양 생물의 활동을 무시한 화학비료나 농약의 투여는 결과적으로 토양이 본래 가지고 있는 생산 기능을 떨어뜨린다.

일본을 방문했을 때, 한국에서는 과수를 유기재배하기가 어렵다는 내 말에, 그들은 가을에 잎이 떨어져 땅에 닿는 곳에서는 자연농업(유기농업)을 할 수 없다고 대답했다. 낙엽이 땅에 닿는다는 것은 그만큼 땅에 부엽토가 쌓이지 않아 헐벗었다는 뜻이었다. 낙엽이 쌓여 부식이 충분하고, 손으로 흙을 집었을 때 지렁이가 2~3마리 잡히며, 토양의 유기물 함량이 적어도 5% 이상이 되지 않으면 자연농업을 하지 말아야 한다고 충고했다. 토마토를 비롯한 각종 과채류도 마찬가지이다.

넷째, 지나치게 양분을 많이 주면 병해충이 발생한다.

벼농사에서 큰 문제를 일으키는 도열병이나 벼멸구는 어떻게 발생할까? 우리가 수확량을 높이려고 다량의 질소를 투여하면 벼는 필요 이상으로 질소 양분을 흡수하여 소화불량을 일으켜 체내에 질소산화물, 특히 아미드태질소가 축적되어 잎이 약하고 건강하지 않은 상태가 된다. 도열병균은 이러한 벼가 땀처럼 잎으로 내보내는 액체 속의 질소를 양분으로 삼아 증식하고, 결국 잎 속으로 침입하여 병을 일으킨다. 그리고 멸구라는 해충은 아미드태질소를 즐겨 먹으며 피해를 준다. 만약 벼가 양분 상태가 적당하고 건강한 상태라면 도열병균이나 멸구는 먹이가 없어서 증식하지 못한다. 결국 병해충의 발생은 작물의 건강 상태를 나타내는 신호인 것이다.

몇 년 전 어느 책에서 보았는데, 포트에 과채류 모종을 기르면서 각각 화학비료와 퇴비를 주고는 서로 비교했다. 그 결과, 화학비료를 준 모종에는 진딧물이 많이 생겼지만 퇴비만 준 모종에는 생기지 않았다.

이와 마찬가지로 우리나라에서 수십 년 동안 한밭에서 고추나 딸기를 유기재배하는 농민들의 이야기를 들어보면, 땅심이 있으면 작물이 튼튼하게 자라 병충해 문제도 없고 수확량도 괜찮다고 한다. 모두 상통하는 내용일 것이다.

　결론적으로, 자연농업(유기농업)은 땅을 살리지 않고서는 할 수 없는 농법이다. 요즘 유기농업을 한다면서 땅심의 기본인 토양 유기물을 무시한 채 액비 영양제와 미생물만 사용하고, 농약만 검출되지 않으면 된다는 식으로 유기농업(자연농업)을 하는 경우가 많다. 하지만 이런 식으로 하면 수확량이나 품질에 문제가 있겠지만, 더 중요하게는 절대로 지속적으로 농사지을 수가 없다. 그렇다고 토양 유기물을 빨리 확보하려고 발효되지 않은 미숙퇴비 등을 사용하여 농토를 오염시켜서도 안 될 일이다.

　그러면 어떻게 해야 하는가? 앞에서 기술한 것처럼 땅심 유지의 기본을 숙지하고 이에 대한 기술을 차근차근 익혀 실행할 때 비로소 흙이 그 위력을 발휘하게 된다. 그렇게 되면 잡초나 병해충이 억제되어 작물 스스로 건강하게 생육한다. 그러고도 병해충가 발생한다면 천적이나 미생물, 천연물질 추출물과 같은 생물농약을 사용하거나 방충망 등을 활용하는 물리적인 방법도 있을 것이다. 자연농업이든 유기농업이든 기본 중의 기본은 땅심이다.

_ 2012년 12월 22일

3. 유기물과 무기물은 어떻게 다른가?

(1) 유기물이란?

생물체를 구성하는 물질 가운데 탄소를 포함하고 있으며 미생물에 분해되고, 가열하면 연기를 내면서 타다가 재가 남는 각종 퇴비, 탄수화물, 지방, 단백질 등을 말한다.

(2) 무기물이란?

탄소를 포함하지 않으며 가열해도 변하지 않는 철, 물, 이산화탄소, 마그네슘, 비료, 소금 등을 말한다.

4. 왜 퇴비를 많이 넣어야 하는가?

토양 자체만으로 농작물을 재배하려면 영양분이 부족하다. 그래서 퇴비나 화학비료를 투여한다. 작물에 필요한 3대 필수영양소는 질소, 인산, 칼륨이다. 질소질 화학비료인 요소 20kg짜리 1포대는 질소질 함량이 46%이므로 $20kg \times 0.46 = 9.2kg$의 질소가 들어 있다. 이렇게 계산하면 요소비료 1포대는 쇠똥퇴비 3톤의 질소 함량과 비슷하다. 그러나 퇴비에 들어 있는 질소는 퇴비 속의 탄소를 분해할 때에 자체적으로 소비해 작물은 거의 이용하지 못한다. 그렇다면 화학비료만 사용해서 농사지으면 되지 왜 굳이 퇴비를 주는 것일까? 이는 앞에서 설명한 토양 유기물의 공급원이 바로 퇴비이기 때문이다.

그런데 퇴비에도 품질이 천차만별이다. 잘 발효된 퇴비에는 토양 속 병원균을 잡아먹는 유익한 미생물이 많이 발생하여 이 퇴비를 토양에 주면 점점 좋아진다. 반면에 썩은 퇴비를 주면 그 안에 병원균이 많아서 오히려 땅이 나빠지는 결과가 벌어질 수도 있다. 잘 발효된 퇴비는 후숙 단계에서 하얀 눈(雪) 같은 것을 볼 수 있는데, 이것이 바로 유익한 방선균류이다. 여기에서 스트렙토마이신, 테라마이신, 네오마이신, 오레오마이신, 페니실린 같은 천연 항생물질이 생겨 토양 속의 나쁜 병원균을 억제하거나 잡아먹음으로써 건강한 토양을 만든다. 이러한 토양에서 자란 농작물은 병에 걸리지 않고 생육도 좋으며 맛과 영양이 풍부하다. 이런 농산물을 먹으면 곧 천연 항생물질을 먹는 셈이 된다. 이것이 바로 퇴비농법·순환농법·유기농법의 원리이며, 유기농산물을 먹으면 건강에 좋은 이유이다.

5. 토양 검정

(1) 토양이 산성화되는 원인은 무엇인가?

① 비가 많이 내리는 지역이나 관개용수를 사용하는 시설 하우스의 경우 염기(칼슘·마그네슘·칼륨) 성분이 유실되는 대신, 수소이온이 땅에 흡착하여 산성화되고,

② 화학비료 가운데 유안(황산암모늄), 칼륨(황산칼륨) 등의 부성분은 강

산(强酸, 황산)으로서 토양의 염기성분을 용탈溶脫시키고, 질소비료도 초산태로 토양을 산성화시키며,

③ 최근에는 산성비와 자동차나 공장에서 내뿜는 아황산가스도 산성화의 원인이 되고,

④ 토양 유기물이 너무 부족해 염기를 결합하여 양분을 보유할 수 있는 능력이 떨어져서 산성화가 촉진된다.

(2) 토양 산성화의 문제점은 무엇인가?

① 작물에 필요한 영양 성분이 불용화하거나 이용할 수 없게 되어 영양 부족으로 작물이 제대로 생육하지 못하고, 복합적인 작용으로 장해가 발생한다. 특히 몰리브덴의 경우는 작물이 이용할 수 없기 쉽다.

② 토양의 알루미늄과 망간 화합물의 용해도가 높아져서 알루미늄에 따른 뿌리 기능 장해와 지나치게 많은 망간에 따른 장해 등이 일어나 작물의 생육에 해를 줄 수 있다.

③ 토양에서 양분이 잘 유실된다. 산도가 7에서 5로 낮아지면 양분의 이용률은 인산이 66%, 칼륨이 54%, 질소는 57%나 떨어진다.

④ 유기산의 집적으로 유효 미생물의 발생이 억제되고, 병원균에 감염되기 쉽다.

⑤ 인산질의 불용화가 심해져 인산염 피해를 입을 수 있다.

⑥ 수소이온 농도가 높아져 작물 뿌리의 양분 흡수력이 약해지고, 수소이온이 뿌리로 침입하여 식물 체내의 단백질을 응고 또는

용해시킨다.

(3) 토양의 pH와 각종 양분의 흡수 이용률

한편, 토양의 pH는 양분의 흡수 상태를 알아보는 데 크게 도움이 된다. 그 관계를 표시하면 아래의 그림과 같다.

pH 7.0 기준으로 0.5씩 낮아질 때 미산성, 약산성, 중산성, 강산성이라고 한다.

산성일 때 대체로 결핍을 일으키기 쉬운 양분은 인·칼슘·마그네슘·몰리브덴 등이고, 알칼리성일 때 결핍되기 쉬운 양분은 철·망간·붕소 등이다.(그림에서처럼 폭이 넓을수록 흡수가 잘되고 좁으면 잘 안 된다.)

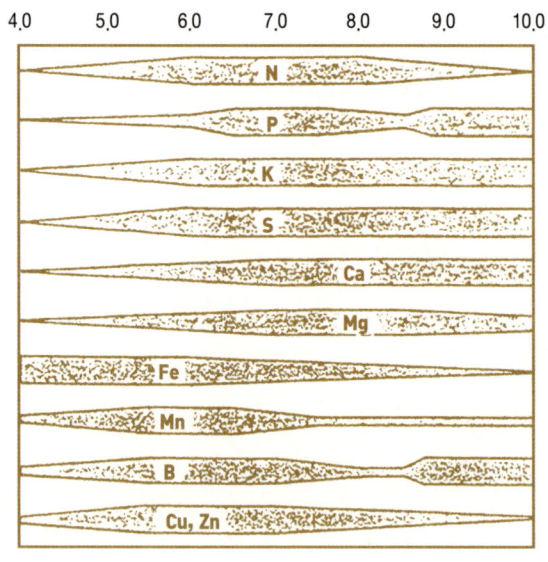

(4) 토양 산도에 따른 화학비료 시비량(%)

토양 산도(pH)	화학비료 시비량	비고
pH 4 전후	100	
pH 5 전후	80	
pH 6 전후	60	
pH 7 전후	40~50	

표에서 보는 것처럼 중성 토양의 비료 소비량은 산성 토양일 때보다 절반 정도이다.

토양 산도를 교정하는 친환경 농자재로는 석회 대신 땅이 굳어지지 않고 미량 원소가 많은 패화석(규산 10% 함유)이 좋다.

(5) 토양 산도를 개량하는 비료의 종류와 알칼리 성분(%)

석회고토	소석회	생선회	용성인비	규산	썰포마그	패화석
53(고토15%)	60	80	40~50	40	25(고토18%)	40

- 중화 석회량 : 300평당 10cm 깊이로 pH 1을 높이는 데 필요한 석회량을 말한다.
- 중화 석회량의 성분량으로 사질토 60kg, 일반토 130kg, 250kg 정도이지만 pH가 같은 토양이라도 점질토나 부식이 많을수록 석회 소비량이 높다.

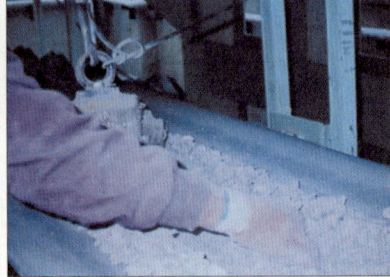

| 패화석 |

(6) 작물별 적정 산도(pH) 범위

구분	작물명	적정범위
곡류	벼, 옥수수, 단옥수수	6.0~6.5
	보리, 맥주보리, 콩	6.5~7.0
유지류	참깨, 땅콩	6.0~6.5
경엽채류	배추, 양배추, 파, 양파, 쑥갓, 양상추, 샐러리, 부추, 잎들깨, 치커리, 케일, 신선초, 브로콜리, 삼엽채	6.0~6.5
	시금치, 상추, 마늘,	6.5~7.0
	감자	5.5~6.0
과채류	고추, 피망, 꽈리고추, 토마토, 오이, 가지, 방울토마토, 참외, 수박, 딸기, 호박	6.0~6.5
근채류	무, 열무, 비트, 당근, 생강, 고구마	6.0~6.5
과수류	사과, 배, 포도, 감, 복숭아, 밤, 유자	6.0~6.5

(7) 작물에 필요한 영양소

① 작물의 영양소

- 작물의 3대 영양소 : 질소, 인산, 칼륨
- 작물의 4대 영양소 : 질소, 인산, 칼륨+칼슘
- 작물의 5대 영양소 : 질소, 인산, 칼륨, 칼슘+부식(humus)

② 필수원소의 구분

- 다량 원소(9종) : 산소, 수소, 탄소, 질소, 인산, 칼륨, 석회, 마그네슘, 황
- 미량 원소(8종) : 철, 망간, 붕소, 아연, 몰리브덴, 구리, 염소, 니켈

    수경재배는 필수원소 17종을 양액으로 투여해 재배하는데, 이 가운데 유기물 성분인 산소, 수소, 탄소를 제외하면 14종의 성분뿐이다. 자연계에는 92종의 천연원소와 이론적으로 관찰되는 22종의 추가 원소, 그리고 수백 종의 원소 동위체가 존재한다. 현재 92종의 천연원소 가운데 82종의 원소가 인체의 조직과 체액에서 발견되었다고 보고된 바 있다. 탄수화물, 단백질과 지방, 일부 비타민은 탄소의 혼합물질로 생물체 안에서 합성할 수 있지만, 미네랄(미량 원소)은 분자구조에 탄소가 없어 스스로 합성하지 못한다. 그렇다면 이 미네랄은 어디서 얻는 것일까? 유기물에는 60여 종의 성분이 들어 있으며, 이 성분이 함유되어 좋은 흙이 되고 수경재배한 것과는 실제로 맛과 영양, 저장성 등에서 차이가 많이 난다.

    여름철 삼복더위에 저장한 상추를 예로 들면, 수경재배와 토경재배,

그리고 땅심이 제대로 살아 있는 토양에서 유기재배한 것을 각각 한 포기씩 신문지에 싸서 냉장실(섭씨 2도)에 넣어 비교해 보았다. 그 결과, 저장 가능한 기간은 수경재배한 상추는 일주일 정도, 화학비료로 토경재배한 상추는 약 보름 정도, 유기재배한 상추는 한 달 이상이었다. 이는 작물 조직의 밀도 차이 때문이며, 맛에도 차이가 난다. 또한 같은 유기재배인증을 받은 농산물이라 하더라도 땅심을 제대로 살리지 않고 농약만 검출되지 않도록 물거름(액비)만으로 재배한 농산물은 제대로 된 퇴비로 재배한 농산물보다 저장성이나 맛이 떨어진다. 특히 배추는 유기재배와 일반 재배는 잔뿌리에서 큰 차이를 보인다. 유기재배한 배추에 잔뿌리가 많다는 것은 그만큼 흙속에 있는 여러 종류의 양분을 더 많이 흡수한다는 증거이다.

    최근 언론에서 LED 전구를 설치해 인공조명으로 수경재배하는 식물공장을 새로운 농업혁명이라고 보도하는데 과연 그럴까? 얼마 전 서울의 어느 단체에서, 이 시설을 무료로 제공받아 엽채류를 재배해 먹어보니 맛도 없을뿐더러 조직이 무르고 저장성도 형편없어 시설을 도로 반납했다는 이야기를 들었다. 이는 너무나 당연한 이야기이다. 좋은 흙에서 제대로 햇빛을 받아 재배한 농산물이라야 품질도 좋고 우리 몸에도 좋다. 식물공장 같은 곳은 학생들의 실습용이나 겨울철 실내관상용, 또는 사막과 극지방 같은 곳에서 대안적으로 이용할 수 있는 시설이라고 생각한다. 아무튼 이에 대한 판단은 소비자의 몫이다.

| 일반재배한 배추(왼쪽)와 유기재배한 배추(오른쪽)의 뿌리 비교 |

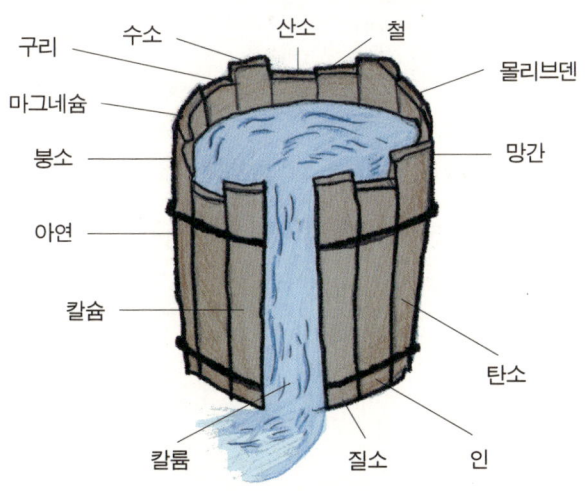

| 최소 양분율의 법칙 |

(작물의 생산량은 최소 양분에 의해 지배된다.―리비히)

출처: 『흙 살리기와 시비 기술』, 농협, 2001년

(8) 땅과 인체의 관계

필자는 그동안 퇴비를 제조하고 유기농업을 하면서, 좋은 땅에서 재배한 작물이 인체에 미치는 영향이 다를 것이라고 믿어왔다. 그러다 10년 전쯤 국내 최초로 유기농업으로 생산한 배추를 분석하여 일반 재배한 배추와 영양적인 측면에서 확실히 차이가 난다는 것을 확인했다. 이는 오랫동안 경작한 땅과 경작한 지 얼마 안 된 땅의 차이 때문일 수도 있고, 또한 관리를 잘한 땅과 그렇지 않은 땅의 차이 때문일 수도 있다. 아무튼 아래의 영양 성분을 비교한 표를 참조하기를 바란다.

성분	일반 배추(1)	유기 배추(2)	비고(2/1)
총 식이섬유	0.67%	1.45%	2배
비타민 C	32.3mg	64.5mg	2배
클로로필(항산화성 물질)	15.5mg	104.6mg	7배
카로티노이드(항암 물질)	18mg	35mg	2배

땅과 인체의 관계에 대한 보다 구체적이고 확실한 자료를 찾다가 최근『흙과 생명土といのち―미량 미네랄과 인간의 건강ミネルと人間の健康』(나카지마 도도무中嶋常允, 地湧社, 1987)이란 책에서 다음과 같은 내용을 발췌하여 소개한다.

:: 인체 구성의 필수요소

① 주요 4대 원소 : 96.6%
- 탄소(C), 수소(H), 산소(O), 질소(N)

- 물과 공기에서 유래 → 연소 → 물과 공기로 환원

② 준주요 7대 원소 : 3~4%

- 칼슘(Ca), 마그네슘(Mg), 인산(P), 칼륨(K), 나트륨(Na), 염소(Cl), 유황(S)
- 전해질 기능(끊임없이 생체를 유지하는 항상성)
- 흙과 바다에서 유래 → 연소 → 흙으로 환원

③ 미량 미네랄 14대 원소 : 0.02%

- 철(Fe), 아연(Zn), 구리(Cu), 망간(Mn), 몰리브덴(Mo), 셀레늄(Se), 코발트(Co), 크롬(Cr), 요오드(I), 니켈(Ni), 불소(F), 바나듐(V), 주석(Sn), 규소(Si)
- 생체 안에서 작용 효소의 활성을 도와 신체 기능을 유지하는 데 필수 요소
- 흙과 바다에서 유래 → 태우면 흙으로 환원

	흙	식물	인간
미량 미네랄	(×)	(×)	(×) → 병에 약함
미량 미네랄	(○)	(○)	(○) → 병에 강함

"인체의 96.6%는 물과 공기로 이루어지고, 그밖에 4% 미만은 흙으로 구성되어 있다. 하지만 0.02%의 미량 미네랄에 따라 건강이 좌우된다"고 한다.

앞의 책을 쓴 저자는 30년 동안 토양을 분석한 학자로, 다음과 같은 내용도 언급한다.

위 도표를 풀어보면 다음과 같다.

- 토양에 미량 미네랄이 부족하면 그곳에서 재배하는 농작물에도 부족하고, 그 농작물을 먹는 인간도 미량 미네랄을 섭취할 수 없다. 그러므로 농작물도, 그 농작물을 먹는 인간도 똑같이 생리적인 병에 걸린다.
- 반대로 흙에 미량 미네랄이 풍부하면 건강한 농작물을 생산할 수 있고, 우리 인간도 미량 미네랄을 충분히 섭취할 수 있어 건강하고 병에 강해진다.
- 따라서 흙과 식물과 인체는 서로 분리된 것이 아니라 모두 연계되어 있기에 근본적으로 땅이 중요하다.
- 미량 원소가 풍부한 퇴비를 어떻게 토양에 투입하느냐가 핵심이다. 예를 들어 한해살이풀과 수십 년 자란 나무(톱밥)의 경우 뿌리의 생육 반경이 다르다. 일반적으로 4월에 싹이 나와 자란 풀을 9월에 씨앗이 여물기 전 베어다가 퇴비를 만드는 것이 가장 좋다. 그때 뿌리의 생육 반경을 살펴보니 깊이와 너비가 약 60cm 정도로, 결국 이 범위에 있는 양분만 빨아들였음을 알 수 있다. 이와 달리 나무는 수십 년 동안 뿌리를 뻗어 수십 미터 반경에서 양분을 빨아들인다. 그러므로 풀과 나무가 지니고 있는 미량 원소의 종류나 함량에서 차이가 날 수밖에 없다. 그렇기 때문에 질이 좋은 목질퇴비를 투입하여 재배한 유기농산물과 단 몇 가지 양분만 들어 있는 화학비료 위주의 일반 농산물이 인체에 미치는 영향이 차이 날 수밖에 없다는 결론이다.

:: 미량원소의 효과

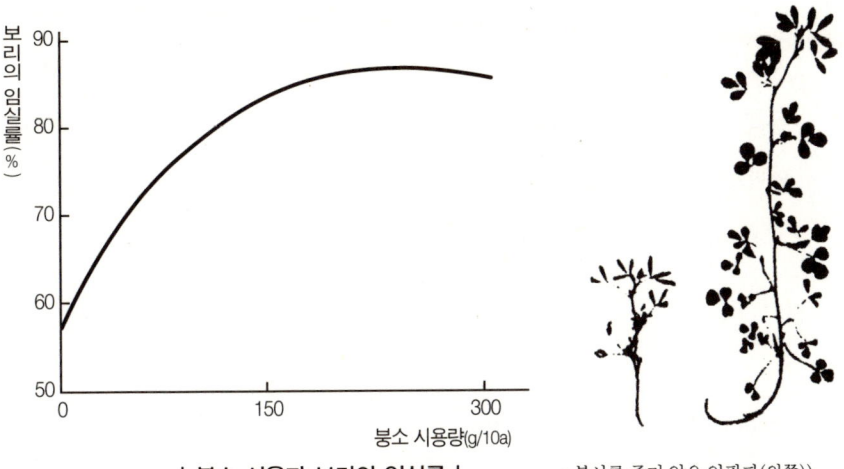

| 붕소 시용과 보리의 임실률 |

- 붕사를 주지 않은 알팔파(왼쪽)
- 10a당 1kg의 붕사를 준 알팔파(오른쪽)

출처: 『토양학』, 조성진 외 2명, 향문사, 200쪽

사과 성분의 분석표

성분별	1914년도	1992년도
칼슘	13.5mg	7.0mg
마그네슘	28.9	5.0
인	45.2	7.0
철분	4.6	0.18

출처: 2012년 9월 27일 KBS 아침마당

채소의 영양가에 주목

최근 일본 문부과학성이 조사한 '일본 식품기준 성분표'에 따르면, 시금치의 경우 영양가가 크게 줄었다. 특히 철분이 아래와 같이 감소했는데, 1950년도와 비교하면 5분의 1 정도까지 감소했다고 한다. 당근과 양배추에도 비슷한 현상이 일어났다고 한다.

구분	1950년	1982년	2005년	비고
영양가	150mg	65mg	35mg	당근과 양배추도 같다
철분	13	3.7	2	

* 철분의 경우 55년 만에 1/6.5로 감소

왜 이렇게 영양가가 감소했을까? 홋카이도 도립농업시험장에서는 그 원인을 생육이 빠른 품종의 도입, 하우스 연작 재배의 증가, 제철을 무시한 연중 재배, 지나치게 많은 비료에 따른 당분 감소로 보고 있다. 결국 화학비료에 의존해 효율만을 우선시하면서 재배한 결과 흙이 황폐화한 것이다.

그리고 일본 여자영양대학女子榮養大學 후루타古田 명예교수가 유기 재배한 토마토와 화학비료로 재배한 토마토를 비교한 결과, 유기재배한 토마토가 비타민 C와 유기산 함유량이 더 많았다. 또한 세포를 비교한 결과, 유기 재배한 채소가 더 조직이 치밀하고 좋은 맛을 내는 성분과 성장 호르몬 등 여러 가지 물질이 풍부하다는 것이 밝혀졌다.

주로 화학비료를 사용하여 채소를 재배하는 상황에서 이와 같은 연구 결과는 유기 재배의 가치를 새롭게 발견한 것이라고 할 수 있다.

_ 〈일본신생신문〉 2011년 11월 11일

유기 농산물과 일반 농산물의 영양 성분 차이

지난 연말 평생 유기농업을 실천해온 생산자를 만난 적이 있다. 이분은 어떤 모임에서 국내 유기농업 분야의 지도자로부터 유기농산물과 일반농산물의 영양 성분에 별 차이가 없고 안전성에만 우위가 있다는 이야기를 들었다고 했다. 이분은 토양 관리에서부터 유기농산물의 맛과 기능성까지 잘 알고 있어 이에 대해 불만이 많았다. 자신은 분명히 유기농산물이 일반농산물에 비해 성분에서 큰 차이가 난다고 믿었고, 그런 믿음은 지금도 변함이 없다는 것이다. 그러면서 그 내용이 사실이라면 화학비료를 사용해서 무농약으로 재배하면 되지, 무엇하려고 유기재배가 필요하냐고, 이에 대한 대응책은 없냐고 하소연했다.

실제로 유기재배를 해보면 재배 과정에 따라서 품질과 저장성 및 맛 등에서 차이가 많이 나는 것을 확인할 수 있는데, 필자의 생각으로는 원칙대로 땅심을 살려 재배한 것인가, 아니면 땅심보다 액비 위주로 재배한 것인가가 핵심이라고 본다. 물론 기본적으로 질 좋은 퇴비를 사용해서 땅심을 높인 뒤에 부족한 성분은 관수를 겸해 액비로 보충하면 금상첨화이다. 그런데 땅심은 외면한 채 액비 위주로 재배하면 뿌리의 발육과 통기성 및 미생물의 활동성 등이 떨어져 앞의 재배와는 상품 가치에서 차이가 크다.

①필자가 약 10여 년 전 K농장에서 일본 유기JAS인정 생산행정관리 책임자로 재직할 때 경험한 바로는, 당시 국내에서 유일하게 유기재배 인증을 받은 배추와 일반 재배한 배추를 비교 분석하고, 가공한 김치까지 부산대학교 김치연구소와 산학협력 연구로 4년 이상 분석했다. 그 결과 유기배추는 비타민 C와 항암물질·식이섬유는 2배, 그리고 항산화물질인 클로로필은 7배 이상 높고 김치는 유산균 등이 2배 이상 많은 것으로 분석되어, 국내 최초로 유기농산물의 우수성을 수치로 제시한 바 있다. 더 확실하게 확인하고 싶어 배추를 밀양대학교 식품과학과(현재는 부산대학교로 통합)에 의뢰한 결과도 거의 같았다.

②2007년 5월 1일자 농림부 친환경농업정책과의 보도자료를 보면, 쌀과 케일·신선초·상추·파·감귤에 대해 유기농산물과 일반농산물의 영양 및 기능 성분의 차이를 분석했다. 그 결과 유기농산물의 케일과 상추에서 비타민 C가 2배 이상 높게 나타나고, 그밖의 성분들도 차이가 큰 것으로 나타났다. 이 보도에서 주의 깊게 보아야 할 대목은 케일의 경우 똑같이 유기재배인증을 받았지만 비타민 C가 100g당 62.1~85.9mg으로 차이가 나고, 일반농산물에서도 27.5~63.8mg으로 편차가 크다는 점이다. 상추도 이와 비슷한 차이를 보였다. 이 분석이 의미하는 바는 유기농산물의 경우 안전성이 첫째이지만, 땅심을 살려 올바른 방법으로 유기재배한 것이 아니면 일반재배보다 영양면에서 떨어질 수도 있다는

점이다. 이래서는 소비자들의 호응을 얻지 못하는 것은 물론, 유기농산물이 더 좋다고 할 수도 없다.

③2007년 7월 6일자 〈연합뉴스〉에 따르면, 미국 캘리포니아 대학 식품화학과 엘리슨 미첼 박사는 〈농업-식품화학저널〉 최신호 논문에서 유기농 토마토와 일반 토마토를 말려 케르세틴과 켐페롤(항산화성 물질)의 함량을 분석한 결과, 유기농 토마토가 각각 79%와 97%가 많은 것으로 밝혀졌다. 플라보노이드는 작물이 생장할 때 질소가 충분하지 않을 때 생성되는 방어 메커니즘으로 심혈관 질환의 위험을 낮추는 데 도움이 된다.

④2007년 10월 28일자 〈연합뉴스〉에 따르면, 유럽연합(EU)에서 4년간 거액의 연구비를 지원받아 유기농식품을 연구한 카를로 르퍼트 박사는 유기농 과일과 채소에 노화방지제(안티 옥시던트)가 일반 식품보다 40%가량 많이 함유되어 있으며, 유기농 식품을 섭취한 소에서 짠 우유의 노화방지제 수준이 일반 소보다 최고 90%까지 높았다고 한다.

이렇듯 유기재배한 농산물이 일반재배한 농산물보다 안전성뿐만 아니라 성분면에서도 더 우수한데, 국내에서는 정상적이 아닌 비정상적으로 유기재배한 농산물을 샘플로 분석한 자료가 생산자나 소비자들에게 전달되어 좋지 않은 결과가 나타나게 된 것이다. 이 때문에 정상적으로 유기재배한 농가들에게 실망을 주고, 소비자들에게는 유기농산물도 별수 없다는 인식을 심어줄 수 있다. 소비자들이 왜 유기농산물을 먹어야 하는가라는 질문에 우리는 첫째는 안전성 때문이고, 둘째는 영양 성분이 일반 농산물보다 많고, 셋째는 맛이 좋기 때문이라고 대답해야 한다. 그런데 영양 성분에 대한 내용을 명확하게 증명하지 않는다면 매우 중요한 설득 자료가 사라지고 만다. 단순히 안전성과 환경을 살린다는 것만으로는 유기농업을 해야 하는 이유로 제시하기에는 부족하다고 생각한다.

_ 2008년 1월 유기농업연구회 투고

⑼ 땅심이 좋은 토양의 구조

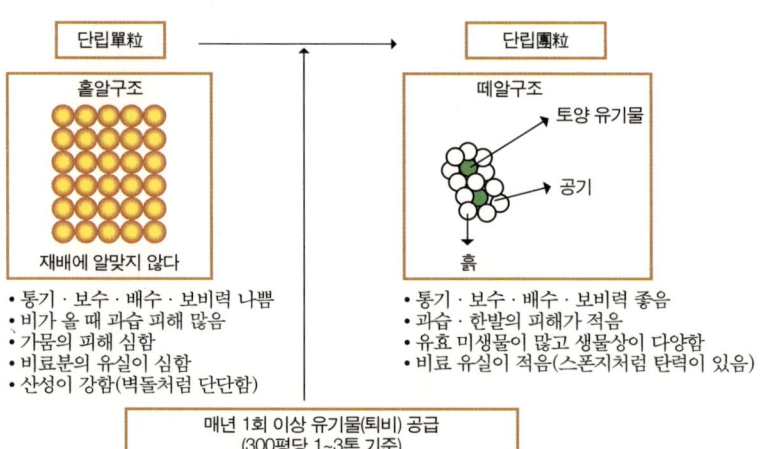

| 토양의 구조 비교 |

(10) 토양입자의 크기별 구분

구분	크기	비고
자갈(역, gravel)	2mm 이상	토양이 아니라 자갈돌
모래(砂, sand)	0.02~2mm	양분 보유력 없음. 공극의 형성과 경운에 도움
미사(微砂, silt)	0.002~0.02mm	가소성과 응집성은 없지만 점토에 흡착할 때 약간 나타남
점토(土, clay)	0.002mm 이하	2차 광물(양분 보유력 증대). 공극이 매우 적음. 수축, 팽창, 응집성, 가소성, 수분 보유력 증대. 무기이온 흡착. 완충력 증대

출처: 국제 토양학회

(11) 감촉으로 토성을 판정하는 방법

흙의 명칭	판정 기준(괄호 안은 점토 함량)
사토(S, 모래)	거의 모래라는 느낌이 든다(12.5% 이하)
사질토양(SL, 모래참흙)	1/3~2/3 정도가 모래인 흙(12.5%~25%)
양토(L, 참흙)	모래가 조금(1/3 정도) 느껴지는 흙(25~37.5%)
미사질양토(L, 미사참흙)	모래 점질이 거의 없는 흙
식양토(CL, 질참흙)	모래가 조금 느껴지고 점질이 많은 흙(37.5~50%)
식토(C, 질흙)	점질이 있는 점토가 대부분인 흙(50% 이상)

출처: 국제 토양학회

6. 토양의 유기물과 부식

(1) 부식(유기물)은 두 가지로 나눌 수 있다

첫 번째로 영양부식은 신선 유기물 또는 약간 변질된 유기물을 가리키며, 분해되면서 토양에 무기양분을 공급하고, 미생물의 영양원이 되어 좋은 성질의 토양을 만드는 요인이 되는 유기물이다. 계분·돈분·우분·유박(깻묵) 등이 이에 속하며, 땅심을 높이는 데는 별로 도움이 안 된다. 유박은 3개월 정도의 단기간에 분해가 된다.(돈분과 우분은 볏짚이나 톱밥 등이 혼합되지 않은 배설물 상태를 말한다.)

두 번째로 내구부식은 분해·변성·중합 등이 진행된 어느 정도 안정된 부식으로 토양에 장기간(3개월~5년) 남아 있으며 땅심의 기준이 된다. 톱밥·이끼·갈대·고춧대·콩대·수숫대 등을 원료로 제조한 퇴비 등이 이에 속한다.

그러므로 모든 부식은 유기물이지만, 모든 유기물이 부식이라고 할 수는 없다.

작물의 생장에 초점을 맞추려면 영양부식을 선택하고, 땅심(지력)을 높이려면 분해가 더딘 리그닌의 함량이 높은 내구부식을 선택한다. 유기재배를 하려면 적어도 토양의 유기물(부식) 함량이 5% 정도는 되어야 양분을 보충하지 않거나 조금만 보태주어도 농사지을 수 있다. 그렇게 만들기까지는 상당한 기간이 걸리므로, 위의 효과를 모두 얻으려면 장기적으로 계획을 세워서 매년 영양부식과 내구부식이 되는 퇴비의 양을 적정 비율로 혼합해서 사용하는 것이 좋다.

| 영양부식과 내구부식 |

(2) 흙속에서 오래가는 퇴비가 땅심을 높이는 데 더 효과적이다

　퇴비 원료의 중요성은 아무리 강조해도 지나치지 않다. 원료를 잘 선택하는가 아닌가에 따라 퇴비의 품질은 말할 것도 없고, 땅심에 미치는 영향도 크다. 이뿐만 아니라 친환경농업, 특히 유기재배에 사용할 수 있는가 아닌가가 결정된다.

　수십 년 동안 농사지어온 우리는 땅심(지력)을 높여야 한다는 사실을 잘 알고 있다. 그러나 실제로 어떻게 해야 땅심을 효율적으로 빨리 높이는지를 잘 아는 사람은 거의 없다. 지금부터 그 방법을 알아보자.

　먼저 토양 속에서 퇴비가 어떤 역할을 하는지 살펴보자. 모든 유기물이 토양에 들어가면 미생물들이 분해를 시작한다. 이때 미숙된 생유기물의 경우에는 반드시 발효가 일어난다. 이때 땅속에서 가스와 열이 발생하여 작물에 피해를 줄 수 있다. 또 미생물들이 유기물을 분해할 때 작물에 필요한 질소 성분이나 산소를 빼앗을 수도 있다. 그러나 잘 발효된 퇴비의 경우에는 흙속에서 발효가 일어나지 않고, 그 안에 이미 좋은 미생물들이 배양되어 있어 토양에 들어가 길항拮抗 미생물의 역할을 한다. 또한 퇴비에 함유된 유기물과 토양에 남은 유기물들을 먹이로 사용하면서 분해를 시작한다. 우리는 이렇게 미생물들이 생겼다 죽기를 반복하면서 생기는 유체와 흙속의 잔여 유기물과 회분灰分의 복합체를 토양 유기물, 또는 부식이라고 한다.

흔히 볏짚이나 보릿짚 또는 유박 같은 생유기물을 토양에 넣기만 하면 한순간에 토양 유기물(부식)이 되고 땅심이 높아진다고 생각한다. 이런 생각은 바뀌어야 한다. 원료에 따라 토양에서 잔류하는 기간이 다르고, 미생물에 분해되는 기간도 다르며, 일시적으로 작물의 생장을 해치는 경우도 있기 때문이다.

원료에 따라서 토양 속 부식량에 차이가 나는 이유는 무엇일까? 예를 들어, 한쪽에서는 김장철에 많이 나오는 배추와 무 쓰레기를 대형 트럭으로 하나 가득 실어오고, 다른 한쪽에서는 리어카 한 대 분량의 톱밥으로 퇴비를 만든다면 어느 쪽의 퇴비가 많을까? 정답은 톱밥이다. 토양 속에서 배추와 무 쓰레기 흔적을 찾아볼 수 없을 정도로 거의 남지 않는다. 대부분 그 이유를 수분 때문이라고 하는데, 이는 틀린 답이다. 톱밥에도 건조된 정도에 따라 차이는 있지만 적어도 20~50%의 수분이 함유되어 있기 때문이다.

그러면 왜 그런 차이가 날까? 식물체의 구성 성분은 ①셀룰로오스(섬유질) ②헤미셀룰로오스(조섬유질) ③리그닌(목질) ④지방, 탄닌, 밀납 ⑤단백질인데, 배추와 무 쓰레기에는 비교적 분해가 쉬운 셀룰로오스와 헤미셀룰로오스, 그밖의 성분만 있으며, 톱밥에는 분해가 가장 힘든 리그닌 성분이 있기 때문이다. 리그닌은 토양 속에 들어가서도 분해가 잘되지 않는다.

봄이면 논둑이나 밭둑에서 하얀 꽃이 피는 찔레나무에서 새순이 나온다. 초봄에는 그 새순을 잘라 껍질을 벗겨 먹으면 부드럽고 달짝지근하여 제법 맛이 있다. 그러나 낮의 길이가 가장 긴 하지가 지나고 2~3개월 뒤 껍질을 벗겨 먹으면 딱딱하여 씹을 수가 없는데, 이는 리그닌이 생겨서 그렇다.

신선 유기물과 부식의 조성 비교

유기화합물	말린 성숙 식물체(%)	토양 부식(%)	비고
셀룰로오스(섬유질)	20~50	2~10	
헤미셀룰로오스(조섬유질)	10~20	0~2	
리그닌(목질)	10~30	35~50	
지방·탄닌·밀납	1~8	1~8	
단백질	1~15	28~35	

출처: 『토양학』, 향문사, 1996

위 표에서 보는 바와 같이, 리그닌(목질)이 많은 원료를 선택해야 땅심의 척도인 부식 함량을 높일 수 있다.

리그닌이 많은 원료로는 톱밥·갈대·이끼·고춧대·콩대·옥수숫대 같은 것이 있다. 유기물이 섞이지 않은 계분·돈분·우분(배설물)과 유박 같은 것은 화학비료처럼 속효성速效性으로 작물을 성장시키는 효과는 있지만 토양의 유기물 함량을 높이는 데는 도움이 되지 않아 땅심을 높인다고 할 수 없다. 최근 어느 연구기관에 근무하는 친구가 자운영을 재배한 토양과 매년 유박을 많이 넣은 토양을 분석하니, 두 토양에서 모두 토양 유기물의 함량이 높아지지 않았다고 한다. 그렇다. 토양의 유기물 함량은 사용한 원료와 깊은 연관이 있다.

요즘 친환경농업을 하는 농가 가운데, 오랜 경험으로 땅의 소중함을 아는 농가에서는 시중에 유통되는 퇴비가 미덥지 않아 다시 발효시키든지, 아니면 직접 퇴비를 만들어 사용한다. 그런가 하면 약삭빠른 농가에서는 퇴비를 아주 조금만 넣고 액비를 위주로 하여 농사짓기도 한다.

그 결과를 보기에 앞서, 유기물 없이 토양의 일반적인 조건만 갖춘 수입산 인공배지人工培地를 사용하는 수경재배 농가를 예로 들어보자. 인공배지에서 1년 차에는 그런대로 농사가 잘되지만, 2년 차 이후부터는 생산량과 품질이 떨어져 3년 차에는 새로 바꾸어야 한다. 이는 계속 배양액을 사용하면 염류가 집적되어 문제가 되기 때문이다. 액비 위주로 농사짓는 곳이라면 어김없이 나타나는 현상이다. 유기농업으로 성공한 농장에 가보면 거의 자가 퇴비장을 갖춰놓고 있다. 그들에게 유기농업을 하면서 어떤 점이 가장 어려운지 물으면 땅심 관리가 중요한데 이때 퇴비를 준비하는 일이 가장 어렵다고 한다. 이로써 퇴비가 얼마나 중요한지 잘 알 수 있다.

친환경농업을 하기 위해 자운영만 3년 이상 재배한 땅에 비닐 하우스를 지어 엽채류를 재배해 보았는데, 그곳에 물을 자주 준 까닭에 3~4개월이 지나니 땅이 굳어지는 현상이 나타났다. 이 또한 자운영만으로는 유기물 잔류 함량이 부족해 토양의 구조가 나빠져 벌어지는 현상이라고 생각한다.

　이제 우리나라도 친환경농업이 아니면 안 된다고 인식하고 있다. 물론 전국의 모든 농가가 친환경농업을 실천할 수는 없겠지만, 적어도 30% 정도는 친환경농업을 실천하리라 예상한다면 지금보다 경쟁이 치열해질 것이다. 앞으로 소비자는 먹을거리에 대해 첫째는 안전성, 둘째는 맛, 셋째는 기능성(또는 저렴한 가격)을 고려하여 선택할 것이다. 분명히 그렇게 나아갈 것이다. 그런데 당장 편하고 쉽다고 하여 액비 위주로 농사짓다가는 토양을 망쳐 연작도 할 수 없고 품질도 떨어져 후회할 일이 생길 것이다.

　진정으로 친환경농업을 실천할 생각과 의지가 있다면 토양에서 오랫동안 작용할 수 있는 원료로 잘 발효된 퇴비를 적정량 사용하고, 녹비작물을 재배하고 돌려짓기(윤작)를 실행하는 등 지속적으로 토양을 잘 관리해야 성공할 수 있다.

(3) 토양에서 토양 유기물(부식)의 기능

　생유기물이든 잘 발효된 유기물(퇴비)이든 일단 토양에 들어가면 토양 미생물에 의해 분해가 시작된다. 그 원료의 종류와 발효 정도에 따라 토양에서 잔류하는 기간에 차이가 있으며 미생물의 종류도 달라지고 작물에 미치는 영향 또한 달라진다.

　유기물이 토양에 들어가 어느 정도 미생물에 의해 분해되고, 분해가 힘든 리그닌과 미생물의 유체 및 회분 등의 복합체를 가리켜 토양 유기물 또는 부식이라고 한다는 것은 앞에서 여러 번 설명했다. 이번에는 이 토양 유기물(부식)이 토양에서 어떤 기능을 하는지 알아보자.

　첫 번째로 토양 유기물(부식)은 양이온 교환용량이 크다. 다른 말로 표현하면, 양분을 보관할 수 있는 능력, 곧 보비력保肥力이 일반 흙보다 20배 이상 높다. 예를 들어 요소 같은 화학비료를 토양 유기물이 전혀 없는 모래땅에 주면 10~15일 뒤에는 효과가 사라지는데, 토양 유기물이 많은 땅에서는 적어도 한 달 이상 효과가 이어진다.

　우리나라의 토양은 이러한 양분을 보관할 수 있는 능력이 약하다. 사람에 비교하면 위장이 작다고 할 수 있는데, 모래땅의 양이온 교환용량을 대략 1cmolc/kg이라 하면 양토나 사양토는 그 5배, 식질토는 10배의 양분을 흡수하여 보관할 수 있다. 안타깝게도 미국 캘리포니아의 곡창지대는 양이온 교환용량이 32~58cmolc/kg인데, 우리나라의 농토는 평균 10cmolc/kg 정도로 미국의 20~30%에 지나지 않는다.

　양이온 교환용량이 작은 흙은 당연히 양이온 교환용량이 큰 흙보다 작물이 자라는 데 불리하다. 양분을 한꺼번에 저장할 수도 없고, 산이나 알칼리에 따라 pH도 변하기 쉽기 때문이다. 그렇다면 흙의 위장을 키울 수 있는 방법은 없을까?

　가장 손쉬운 방법은 양이온 교환용량이 큰 유기물을 넣어주는 것이다. 또 다른 방법은 양이온 교환용량이 큰 무기물인 제올라이트 같은 광물질을 넣어주면 된다. 그런데 여기에서 염두에 두어야 할 점은, 유기물은 미생물의 먹이와 집(서식처)의 역할을 동시에 하지만, 무기물은 집의 역할밖에 하지 못한다는 사실이다.

아울러 흙의 양이온 교환용량을 100이라고 할 때 칼슘·마그네슘·칼륨·나트륨 성분(치환성 염기)이 얼마나 채워져 있느냐가 매우 중요하다. 만약 이 4가지 성분이 50%를 차지하고 있다면 염기포화도는 50%라 할 수 있고, 나머지 50%는 수소나 알루미늄 등과 같은 다른 성분들이 붙어 있다는 뜻이다. 화학적으로 좋은 흙이라는 것은 치환성 염기가 많이 붙어 있다는 것을 뜻하며, 이를 알아보려면 염기포화도를 분석하면 된다.

염기포화도는 마른 흙 100g의 양이온 교환용량 가운데 치환성 염기가 얼마나 들어 있는지를 뜻하는 용어로, 농업기술센터 등에 토양 분석을 의뢰할 때 발급되는 '토양 분석 및 시비 처방서'를 바탕으로 계산할 수 있다.

예를 들어 A농가의 흙이 양이온 교환용량(CEC)이 23.98cmolc/kg이고, 치환성 염기가 칼슘(Ca) 17.77·마그네슘(Mg) 3.38·칼륨(K) 0.09 합계 21.24라면, 염기포화도는 다음과 같이 계산한다. 치환성 염기의 합(Ca+Mg+K)/양이온 교환용량×100에 따라서 21.24/23.98×100=88.57%가 된다.

일반적으로 우리는 염기포화도가 높을수록 식물이 잘 자라고 품질도 좋다고 생각하는데, 반드시 그렇지만은 않다. 염기포화도의 적정선은 80% 정도가 가장 좋으며, 나머지 20%는 질소가 붙어 있어야 한다. 그리고 염기는 칼슘(Ca, 석회) 5 : 마그네슘(Mg) 2 : 칼륨(K) 1의 균형을 이룰 때가 가장 이상적이다.

염기포화도는 밭에는 80%, 논에는 60% 정도이면 적당하다. 염기포화도가 100% 넘으면 가스 장해나 농도 장해 및 질소 결핍 등 염류 문제가 발생하기 시작한다. 이는 흙도 많이 먹으면 배탈이 난다는 뜻으로, 무엇이든 지나치면 조금 부족한 것보다 못하다.

또 화학비료를 많이 주어 염류가 집적된 곳에 전기가 잘 통하는 원리를 이용해 염류의 농도를 측정하는 전기전도도(EC)가 있다. 전기전도도가 2 이상이면 염류의 농도가 높아 농사가 잘되지 않는다고 한다. 그런데 최근 어느 유기재배 농가에서는 그 2배인 3~4 이상인데도 농사가 그런대로 잘된다고 하는데, 이는 상대적으로 유기물이 많은 토양이라 보비력이 높아 작물의 피해를 막아주기 때문이라고 생각한다. 각종 흙이나 유기질의 종류에 따라 양이온 교환용량(보비력)이 다른데, 다음의 표를 참조하길 바란다.

두 번째로 토양 유기물은 보수력이 높다. 유기물이 많은 흙은 일반 흙보다 보수력이 6~10배에 달한다. 퇴비를 많이 주어 유기물이 많은 땅은 가뭄을 덜 타는데, 이는 산에 나무가 많으면 극심한 가뭄에도 계곡물이 마르지 않는 이치와 같다. 그런 산은 폭우가 쏟아져도 물이 서서히 불었다 줄어들지만, 민둥산은 전혀 그렇지 않다. 실례로 마른 톱밥 20kg을 마대에 담아 물속에 며칠 동안 푹 집어넣었다가 꺼집어내 저울에 달아보면 100kg이 훨씬 넘는다. 이처럼 토양 속의 유기물은 보수력을 높이는 데 중요한 물질이다.

양이온 교환용량의 비교

구분	cmolc/kg
질 나쁜 점토	3~15
질 좋은 점토	80~150
양질의 토양부식	600
미숙된 부식	20
하천 모래	1
좋은 토양	20 이상
한국 농토	10 정도
나쁜 토양	5 이하

각종 유기질 원료의 양이온 교환용량

구분	cmolc/kg
일반 목질류 수피	66.4
침엽수류 수피	51.1
일반 목질류 대패밥	12.9
침엽수류 대패밥	15.9
볏짚	9.9
맥류짚	15.3
밴토나이트, 제올라이트	70~100
목재류 완숙퇴비	70 이상
목재류 유효 부식	600 이상

| 염기포화도 80%의 흙 |

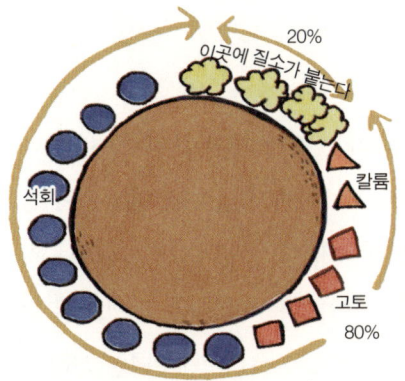

염기나 암모니아를 잡는 양을 CEC(염기 치환용량)이라고 한다. 석회:고토:칼륨이 5:2:1의 균형을 이루는 것이 가장 이상적이다. 남은 20%에 질소가 붙을 수 있기 때문이다.

| 염기포화도 80% 이상의 흙 |

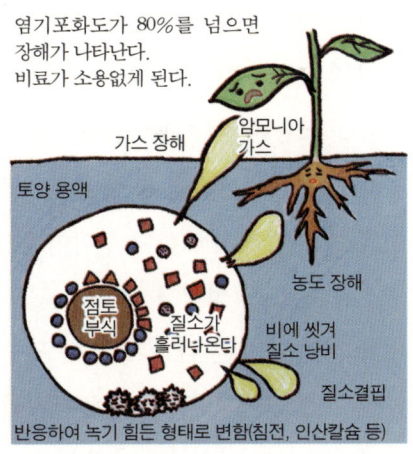

출처: 「흙 살리기와 시비」 『일본 현대농업』, 1997년 10월호

퇴비 재료별 흡수율의 비교

재료	흡수율(%)
볏짚	300
보릿짚	285
나뭇잎	200
톱밥	420~450
부식토	50
잡초	145
사토	25

<u>세 번째로 토양 유기물은 성질이 안정적이다.</u> 우리는 토양을 개량하려고 매년 석회를 뿌려서 산도를 교정한다. 요즘은 친환경 농자재로 패화석을 많이 사용한다. 물론 작물이 성장하는 데 필요한 원소로 석회를 주지만, 그보다는 산도를 조절해서 작물의 3대 영양소인 질소·인산·칼륨을 포함한 영양소가 잘 흡수되도록 하는 것이 가장 큰 목적이다.

그런데 산에 자라는 나무들은 석회를 전혀 주지 않아도 미생물이 쌓여 있는 낙엽을 분해하여 부식이 되어 결국 땅심이 높아져 잘 자라는 것을 보면 반드시 석회를 주어야 하는 것은 아니다. 300평당 잘 발효된 퇴비를 매년 2~3톤 이상 주어 산도가 적정 수준으로 안정이 되면 석회를 매년 주지 않아도 된다. 산에서 자라는 소나무의 경우 1년에 한 마디씩 자라는데, 30여 년 전에 자란 밑둥치를 보면 15~20cm 정도인 데 비해 최근에 자란 상단부의 마디는 30cm 이상인 것도 볼 수 있다. 이런 것을

보면 예전에는 산의 땅심이 농토보다 못했지만 지금은 낙엽 등이 부식되어 농토보다 훨씬 땅심이 좋아졌음을 알 수 있다.

네 번째로 토양 유기물은 철과 같은 중금속 이온의 유해작용을 감소시킨다. 유기물이 많은 토양은 비료나 농약을 조금 지나치게 사용해도 피해가 적다는 뜻이다. 오래된 이야기이지만, 울산이 공업도시로 바뀌던 당시 공단 주변에서 자라던 복숭아나무와 배나무 등의 과실수가 매연 등의 공해로 피해 입은 일이 있었다. 그 처방으로 영양제나 농약은 별 효과가 없었는데, 잘 발효된 퇴비로 나무의 세력을 튼튼하게 해주니 거의 정상으로 재배하게 되었다는 일화가 있다. 이는 아무리 전염병이 창궐해도 건강한 사람은 전염병을 이겨낼 수 있음과 같은 이치이다.

다섯 번째로 토양 유기물은 토양의 물리적 구조를 개선시킨다. 토양 유기물이 없는 땅은 홑알조직(單粒)으로 좋은 토양의 조건인 통기성·배수성·보수성·보비력이 나쁘다. 따라서 비가 오면 질척거리고, 가뭄의 피해가 심하며, 양분이 잘 유실되고 산성이 강해 벽돌처럼 굳기 쉽다. 이와 반대로 토양 유기물이 많은 떼알조직(團粒)의 토양은 스펀지처럼 탄력이 있고, 친환경농업을 실천하기에 좋은 물리적 구조이다.

몇 년 전 경남 농업기술원에서 콩 뿌리 부근에 나무작대기로 구멍만 뚫은 곳과 그대로 둔 곳의 수확량 차이를 비교하는 실험을 했다. 구멍을 뚫은 곳이 그렇지 않은 곳보다 13% 정도 수확량이 늘었다고 한다. 이는 뿌리에 공기가 잘 드나들면 새로운 뿌리가 많이 나와서 양분과 수분 그리고 산소를 잘 빨아들여 작물이 튼튼하게 자란 결과이다.

또 배추와 고추의 예를 들면, 똑같이 심었어도 고추나 배추가 잘 자라지 않는 곳이 있다. 그런 곳의 뿌리 부근을 파보면 비료가 적은 것이 문제가 아니라 물이 잘 빠지지 않는 것이 주요 원인이다. 이렇듯 토양의 물리적 구조가 작물에 미치는 영향은 이루 말할 수 없다.

여섯 번째로 토양 유기물은 지온地溫을 높인다. 유기물이 많은 토양은 갈색 또는 암색을 띤다. 검은색의 토양은 태양 흡수열이 많아 지온이 높을 뿐만 아니라, 토양 유기물이 분해되면서 발산되는 열량도 지온을 높이는 데 상당한 도움을 준다. 최근 모 방송국에서 주차장에 승용차를 세우고 색깔별로 차량의 외부 온도를 조사한 적이 있다. 그 결과 흰색은 섭씨 52도, 적색은 섭씨 62도, 검은색은 섭씨 68도로, 흰색과 검은색에서 16도 차이가 났다. 여름철을 제외하고, 바깥 기온이 낮고 태양 흡수열이 많아 지온이 높으면, 농작물 재배기간의 적산온도積算溫度가 충족되어 작물의 생장을 도와 숙기가 빨라진다. 이는 곧 출하 시기가 빨라진다는 이야기로, 잘 활용하면 돈이 된다는 뜻이다.

일곱 번째로 토양 유기물은 유용한 미생물의 활동을 촉진한다. 이는 결국 토양의 미생물이 토양 유기물에 있는 탄소를 에너지원으로 하고 질소를 영양원으로 삼는다는 뜻이다. 이에 따라 토양 미생물이 지속적으로 많이 번식하고, 또 그곳을 서식처(집)로 활동하면서 흙속에서 작물이 생육하기에 좋은 환경을 만든다.

여덟 번째로 토양 유기물은 유효 인산의 고정을 억제한다. 식물 성장의 3대 요소인 질소·인산·칼륨 가운데 인산은 작물의 흡수율이 가장 낮다. 인산질 비료를 줄 경우 작물은 그 5~25%밖에 흡수하지 못한다. 나머지는 토양에서 유실되고, 작물이 흡수할 수 없는 상태로 흙에 고정되는 경우가 많다. 이런 경우를 연작 재배나 시설 하우스에서 가장 큰 문제가 되는 인산염 집적이라고 한다. 그런데 토양 유기물은 인산이 많을 때 흡착하고 있다가 미생물의 활동을 통해 작물의 뿌리가 인산을 원활히 흡수하도록 하는 기능을 가지고 있다.

여기에서 특별히 강조하고 싶은 내용이 있는데, 바로 미생물과 영양제에 관한 부분이다. 미생물과 영양제만 사용해도 분명히 2~3년 동안은 농사가 잘된다. 미생물과 영양분이 부족한 흙에 영양제와 미생물을 보충해주니 그럴 수밖에 없다. 하지만 이것만으로는 오랫동안 농사를 계속 잘 지을 수는 없다. 현재 한국의 농토는 적정치의 절반도 안 되는 토양 유기물(약 2% 정도)을 함유하고 있다. 이런 상태에서 미생물과 영양제만 사용하면, 영양분이 미생물의 먹이로 빠르게 소모되면서 토양 유기물 함량이 더 낮아질 수 있다. 그렇게 되면 앞에서 설명한 토양 유기물의 기능 가운데 보비력과 보수력이 급격히 떨어져 땅이 딱딱하게 굳으면서 땅심도 점점 나빠진다. 우리의 몸에 비유한다면, 체력은 보강하지 않고 자꾸 '비아그라'만 먹으며 재미를 보다가 어느 날 갑자기 허약해진 자신을 발견하는 것과 같은 현상이 일어날 수 있다는 뜻이다.

그렇다면 미생물과 영양제를 사용하지 말라는 것이냐고 반문하는 사람도 있을지 모른다. 그건 절대 아니다. 미생물과 영양제를 사용하되 토양의 유기물 함량을 높일 수 있는 자재나 질이 좋은 퇴비를 함께 사용해야 한다는 뜻이다.

나는 유기재배를 이렇게 생각한다

유기농업이든 관행농업이든 농사의 순서는 첫째 땅을 살리고, 둘째 품종을 선택하고, 셋째 비배를 관리하는 것이라고 한다. 농업에 종사하는 사람이라면 대개 수긍할 것이다. 그런데 가장 첫째인 땅 살리기에서 어떻게 땅심을 높이고 유지할 수 있는지에 대해서는 구구각색이다.

그러면 어떻게 땅심을 살려야 하는가? 단지 비료만 많이 준다고 해서 땅심이 유지되는 것은 아니며, 그 비료가 유효하게 되는 것은 흙의 구조에 달려 있다. 일반 토양 개량제를 사용하는 것은 형식적인 처방일 뿐이며, 토양에 유기질을 넣어 반드시 떼알구조를 만들지 않으면 소용이 없다. 이 이야기는 작물에 연관된 미생물을 제외하면 안 된다는 뜻이기도 하다.

비료학의 관점에서 보면, 흙을 분석하여 비료 성분이 많을수록 비옥하다고 할 수 있겠지만, 반드시 비료 성분이 많은 흙이 작물의 생산성이 더 높다고 할 수 없다. 그보다는 흙 1g 속에 얼마나 많은 좋은 미생물이 살고 있는가가 땅심의 판정 기준이 될 수 있다.

옛말에 "퇴비 100관(375kg)이 쌀 1섬(150kg)"이라고 했는데, 이는 땅심을 유지하기 위해 퇴비가 얼마나 중요한지를 표현한 말이다. 좀 오래되긴 했지만 일본의 어느 농업 잡지에 실린 내용을 그대로 옮기면 다음과 같다.

"제2차 세계대전 이후 퇴비가 없어도 어느 정도의 화학비료만 있으면 작물 대부분을 상당히 많이 수확하던 때가 있었다. 그 시기에는 퇴비를 화학적으로 분석하여 퇴비 1톤에 질소와 인산과 기타 양분이 얼마나 있는지만 따졌다. 돈으로 사면 얼마 되지도 않는 소량의 양분을 얻기 위해 그토록 막대한 노동력과 시간을 들여서 퇴비를 만들 가치가 있는지, 심하게는 퇴비 무용론無用論까지 나왔다. 지도 기관에서도 퇴비를 우습게 보았던 때였다.

그런데 퇴비를 주지 않아도 그런대로 작물을 수확할 수 있었던 것은 전쟁 전에 상당량의 퇴구비堆肥를 사용했기 때문이다. 논과 밭에 많이 환원한 탓에, 그 가운데 몇 퍼센트가 분해되기 어려운 내구부식으로 남아 있어 서서히 퇴비의 효과가 지속적으로 나타난 것이다. 이는 예전에 저금해놓은 것을 조금씩 찾아 쓴 결과이며, 아무것도 남지 않아 농사가 되지 않을 때 퇴비를 넣어보면 과연 퇴비 없이는 농사가 되지 않는다는 것을 스스로 깨달을 것이다."

그렇다면 여기에서 한국 농업의 현주소를 살펴보자. 1970년대까지 겪었던 보릿고개를 해결하려 했던 결과, 앞에서 언급한 품종 개발과 비배 관리에 대해선 괄목할 만한 발전을 이루었다. 그러나 흙에 대해선 어떤지 생각해보자. 자료를 찾아보니 땅심의 모체가 되는 토양의 부식 함량이 1922년 무렵 4.4% 정도였다고 한다. 그런데 최근에는 2~2.2%에 불과해 땅심이 절반 수준으로 떨어졌다.

그리고 우리나라의 농업은 그동안 독일의 리비히가 제창한 무기영양설(1860년)에 기초해 교육하면서, 작물 재배에는 화학비료와 영양제가 만능이라는 시대를 수십 년 동안 지속해왔다. 그러다 최근 유기농업이 부상함에 따라 큰 혼선이 벌어지고 있다.

유기재배 농가 가운데 퇴비를 사용해 땅심을 올리면서 제대로 하려고 실천하는 사람이 있는 반면, 토양 유기물은 무시한 채 저투입 정밀농업을 한답시고 영양제와 미생물을 사용하면서 농약만 검출되지 않으면 된다는 식으로 농사짓는 사람도 있다. 후자와 같은 유기농업의 경우 토양 유기물이 1%에 지나지 않은 곳도 상당수 확인할 수 있는데, 이런 곳에서 좋은 품질의 작물과 많은 수확량을 얻을 수 없다.

농업전문교육기관의 원장이 "어느 유기농가에 견학을 갔더니 토양이 딱딱하고 농사가 되지 않아 다른 곳으로 옮겨야 했다"고 말했는데, 그런 곳이 바로 후자에 속할 것이다.

그렇다면 왜 적정한 토양 유기물(부식) 함량이 중요한가? 토양 유기물의 가장 중요한 기능은 통기성과 일반 흙의 20배인 보비력과 6~10배에 달하는 보수력 및 여러 가지가 있다. 그 가운데 가장 중요한 통기성을 위해서 토양의 유기물 함량이 4% 이상이면 작물을 재배하기에 이상적인 공극 60% 이상을 유지할 수 있다. 경남기술원에서 실험한 자료를 보면, 콩의 뿌리 부근에 막대기로 구멍만 내어도 통기성이 좋아져 113% 수확량을 올릴 수 있다는 이야기는 관심 있게 들어야 할 내용이다. 그밖에도 토양 유기물은 산도의 안정 등을 비롯해 기능이 다양하다.

여기서 작물의 영양 공급에 대해 살펴보자. 유기재배에서는 일반 관행농업의 무기영양 공급과 달리 아미노산이나 포도당 등 저분자의 유기물을 작물이 직접 흡수하므로 이를 유기영양설이라고 한다. 찰스 다윈이 쓴 부엽토와 지렁이에 관한 책(1881년)에 따르면, 1에이커(1,224평)당 일반 토양에선 13,000마리 정도의 지렁이가 사는데 유기물이 많은 땅에서는 100만 마리 정도가 살고, 이때 토양 속의 각종 생물체(벌레 등)의 무게가 약 1,100톤이라고 한다. 바로 이 생명체들의 사체가 훌륭한 각종 비료 성분이 된다.

미국 캘리포니아 주 남부에서 감귤농장을 하는 플랭크 힌컬리 씨는 1919년 10에이커에서 28년생 나무가 한계점에 도달해 1에이커당 300상자밖에 수확하지 못했는데, 기존에 주던 화학비료 대신 지렁이를 투입하여 무경운으로 바꾼 덕에 50년생 나무에서 630상자까지 수확했다는 보고가 있다.

우리나라는 해방 당시 지렁이를 볼 수 있는 논밭이 80%였는데, 지금은 농약과 제초제, 화학비료로 말미암아 20%로 줄었다고 하니 참으로 안타깝다.

몇십 년 전 시골의 텃밭에서 유안(황산암모늄)이나 요소보다 오줌을 준 채소가 더 맛있고 잘 크며, 부추밭 한쪽에 소석회를 주고 한쪽에는 나뭇재를 주면 똑같은 칼슘 성분이라도 전자에는 부추가 죽어버리고 후자에는 사위에게도 주지 않고 영감에게만 주는 영양가 많은 부추가 되었다는 이야기가 있다. 유기재배자들이 귀담아들어야 할 내용이다.

실제로 유기재배를 하려면, 토양의 유기물 함량이 5% 정도일 때 300평당 토양 미생물을 포함해 땅속에 사는 소동물이 약 700~1,000kg이 생긴다는 점을 염두에 두어야 한다. 이 생명체들의 사체인 단백질에서 유기태질소가 적어도 약 44.8kg 정도 발생한다. 물론 이 유기태질소가 단번에 무기태질소로 변하여 작물이 이용하는 것은 아니다. 이것이 분해되어 각종 양분의 공급은 물론, 발효되면서 생기는 좋은 천적 미생물

(방선균)들이 토양에서 비롯되는 병충해를 예방할 수 있다.

좋은 흙 1g에는 약 2억~10억 마리의 미생물이 살고 있으나, 1992년도의 국내 자료에 따르면 4천만 마리 정도밖에 없다고 하니 그동안 지속해왔던 수탈농업의 폐해가 얼마나 심각한지 알 수 있다.

식물은 광합성작용으로 필요한 양분을 얻으며, 부족한 성분들은 시비나 우리가 아직 모르는 어떠한 경로를 통해서 얻는다. 여기에서 재미있는 예를 한두 가지 들면, 넓은 목장에서 풀만 먹인 소는 따로 칼슘을 먹이지 않아도 잘 자라고 뼈가 튼튼하다. 또 장수촌에서 채식만 하는 노인들이 고기를 통해 섭취할 수 있는 비타민 B_{12}가 없는데 어떻게 건강을 유지하는지를 조사해보니, 김치와 된장 같은 발효식품에서 섭취하더라는 이야기는 참으로 흥미로운 사실이다. 또한 산에서 자라는 나무를 보더라도 따로 거름을 주지 않아도 낙엽 등이 쌓여 부식되고 비옥해져 잘 자란다는 것은 이미 잘 알려진 사실이다.

국내 유기재배 벼농사의 수확량을 보면, 토양 유기물이 낮은 곳에는 300평에 쌀을 450kg 정도 수확하는데, 4% 이상인 곳에는 620kg 이상 수확하는 등 편차가 크다. 품종이나 비배관리에는 별 차이가 없지만, 이는 분명 땅심의 차이 때문이다.

최근 한국에서는 정밀농업과 유기물의 과다투입에 대한 이야기가 자주 입에 오르내린다. 정밀농업이란 토양을 분석해 부족한 무기성분을 매년 보충해주는 농법인데, 화학비료를 시비할 경우 질소는 30~60%, 인산은 5~25%, 칼륨은 40~60%만 작물이 흡수하고 나머지는 고정 및 유실된다고 한다.

이 경우 무기 성분이 토양에 잔류하는 문제와, 또 각종 미량 요소를 해마다 어떻게 공급하느냐가 과제로 남는다. 어떤 농가에서는 매년 붕소나 망간, 또는 마그네슘이 부족하다면서 한꺼번에 듬뿍 주어 토양이 알칼리로 변해 염류 집적으로 고생하기도 한다. 그런데 사실 미량 요소는 질 좋은 퇴비만 충분히 사용하면 크게 신경 쓸 필요가 없다.

유기물의 과다투입에 대해서는, 발효되지 않은 생유기물은 유기재배에 이용할 가치가 없으므로 제쳐두고 퇴비에 관해서만 살펴보자. 퇴비는 원료 선택이 가장 중요하다. 퇴비는 토양에서 장기간 부식으로 남을 수 있는 탄소 함량이 높은 재료(톱밥, 이끼, 갈대 등)를 선택해서 만들어야 한다. 두 번째로는 퇴비의 생명인 발효를 잘 시켜야 한다.

유기농업에서는 혐기성 발효보다 호기성 발효를 한 것이 좋다. 그래야 유효한 미생물과 땅심의 모체가 되는 좋은 중성 부식을 얻을 수 있다. 여기에서는 퇴비 제조방법이나 기능에 대해서는 생략하기로 하고, 투입량에 대해서만 이야기하고자 한다.

어떤 농토의 토양 유기물 함량이 2%인데 이 농토를 4% 함량으로 만들려면 볏짚퇴비는 40톤, 톱밥퇴비는 13톤을 넣으면 된다(300평당 경토층 15cm, 흙 150톤 기준). 이를 2년에 걸쳐 나누어서 넣는다면 20톤에 분해되는 부식량을 고려해서 몇 톤씩 더 넣어주면 되고, 몇 년에 걸쳐서 지력을 높이려면 이와 같이 계산해서 넣어주면 된다. 토양의 유기물 함량을 5% 정도로 만드는 것을 목표로 한다면 그렇게 유기물 함량을 올린 뒤 매년 분해하여 소모되는 양인 약 200~3,000kg 정도(퇴비의 재료와 흙의 성질 및 작물에 따라 차이는 있지만)를 보충해주면 된다. 이 정도로 땅심을 높이면 선충을 비롯한 각종 토양병에 따른 연작 장해는 전혀 문제없다.

다만 다음과 같은 경우도 벌어질 수 있다. 토양의 유기물 함량을 높이면 좋다는 이야기를 듣고 벼를 수확한 뒤의 볏짚을 그대로 논에 되돌렸더니 첫해에는 오히려 피해를 보고, 그 이듬해는 조금 좋아지고, 3년이 지나니 땅심이 좋아져 생짚을 넣어도 전혀 문제가 없다는 것이다. 이는 첫해의 경우 어린 젖먹이에게 암죽도 아닌 현미밥을 그대로 먹여 소화불량에 걸린 것이라고 이해하면 된다. 과수원 등 노지에서는 어느 정도 땅심이 갖추어지면 매년 분해가 쉬운 풀과 볏짚 등의 생유기물을 투입하여 땅심을 유지할 수 있지만, 시설재배에서는 좀 어려울 것이다.

최초로 땅심을 올릴 때 가장 중요한 점은 퇴비의 발효 정도이다. 생유기물이나 미숙된 퇴비를 다량으로 넣으면 가스 발생과 분해되지 않은 염류와 잡균 등으로 말미암아 농사를 망칠 수 있다. 그래서 질이 좋은 잘 발효된 퇴비로 토양의 유기물 함량을 높여 기본적으로 땅심을 돋운 다음, 작물의 품질을 높이기 위해 부족한 영양은 화학비료 대용으로 쌀겨나 유박·어분·골분과 미생물, 당밀에 수분을 30% 정도로 맞추어 호기성이나 혐기성 발효를 하여 혼합발효 유기질 비료를 만들어 사용하면 된다. 또 속효성을 추가하고 싶으면 생선 액비나 깻묵 액비 등을 만들면 된다. 그리고 녹비작물을 재배하여 땅심을 높이는 방법도 있다.

유기재배를 실천하는 사람들을 두 부류로 나눌 수 있다. 한 부류는 유기재배가 병충해 등으로 정말 힘들다고들 한다. 또 한 부류는 관행농업보다 훨씬 쉽다고들 한다. 힘들다고 하는 농가의 농토는 땅심을 갖추지 못한 곳일 가능성이 높다.

과수의 경우 유기재배가 어렵다고 한다. '흙살림' 회원으로 사과를 유기재배하는 경북 영주 K씨의 과수원은 토양의 유기물 함량이 7.2%이다. 이곳의 사과를 먹어보니 맛이 좋았다. 이 토양을 분석한 결과, 산도를 포함한 무기양분이 대부분 적정 수준이었다. 유기재배를 한 뒤로 소득도 관행재배 때보다 2배 늘었다고 한다.

사실 유기재배 농산물은 소비자 입장에서 보면 누가 뭐래도 첫째는 농약 없는 안전성을 확보해야 하고, 둘째는 맛이 좋아야 한다. 보통 토양에서 미량이나마 작물에 영향을 미치는 성분은 약 60여 가지라고 한다. 그리고 바닷물을 사용하거나 천일염을 적당한 농도로 사용하면 70여 종의 미네랄 성분이 공급되어 작물에 좋다고 한다. 분명한 것은 우리가 작물을 재배할 때 필수원소라는 17대 영양 성분만으로는 최상의 농산물을 생산할 수 없다는 점이다. 그래서 유기재배는 동식물의 유체를 땅으로 되돌려주어 이를 먹이로 각종 미생물과 소동물이 공존하며 생태계의 먹이사슬을 형성하도록 해야 한다. 그러한 사체를 통해 식물은 영양분을 흡수해 튼튼하게 자라고, 환경도 저절로 살아나 농토에서 지속적으로 농사를 영위할 수 있다. 그러므로 우리는 어디에 초점을 맞추어 유기재배를 실천해야 하는지 이제는 쉽게 이해할 수 있다.

_ 2011년 2월 흙살림 간행물에 투고

(4) 각종 분뇨의 유기물 함량(%)

구분 성분	우분	돈분	양분	우뇨	돈뇨	양뇨	비고
수분	80.00	82.00	68.00	92.50	94.00	87.50	
유기물	18.00	16.00	29.00	3.00	2.50	8.00	
질소	0.30	0.60	0.60	1.00	0.50	1.50	
인산	0.20	0.50	0.20	0.01	0.05	0.10	
칼륨	0.10	0.40	0.20	1.50	1.00	1.80	
석회	0.10	0.05	0.02	0.15	0~0.20	0~0.30	
고토	0.18	0.02	0.24	0~0.10	0~0.08	0.25	
염소	0.01	0.01	0.01	0.10	0.10	0.28	

출처: 「가축분뇨」, 「농경과 원예」, 일본

(5) 퇴비의 종류별로 부식 함량이 1% 증가할 때(300평당)

구분	연간 시비량	연간 부식량	결과	비고
일반 퇴비	1,500kg	150kg	10년 뒤 1% 증가	부식률 10% 기준
부숙 톱밥	1,500kg	600kg	3~4년 뒤 1% 증가 (10년 뒤 3% 증가)	부식률 40% 기준

* 토심 12m, 흙의 중량 150톤

(6) 연간 토양 부식의 소모량 비교

구분	소모량	비고(우분 퇴비를 사용할 때)
1모작 논(점질)	20~30kg	200~300kg
1모작 논(사질)	30~50kg	300~500kg
2모작 논(점질)	50~60kg	500~600kg
2모작 논(사질)	60~80kg	600~800kg
한지, 밭(점질)	40~60kg	400~600kg
한지, 밭(사질)	50~70kg	500~700kg
온난지, 밭(점질)	70~90kg	700~900kg
온난지, 밭(사질)	90~120kg	900~1200kg
비닐 하우스(점질)	120~200kg	1200~2000kg
비닐 하우스(사질)	180~240kg	1800~2400kg

7. 연작 장해의 원인과 대책

(1) 연작 장해란?

똑같은 작물을 똑같은 장소에 잇따라 재배할 때 토양과 작물이 정상적인 관계를 유지하지 못하고, 원인 모르게 작물이 잘 성장하지 않으며 품질과 수확량도 떨어지는 것을 말한다.

(2) 연작 장해의 원인으로 꼽히는 중요한 몇 가지

첫째, 토양에 선충·해충·병원균 등의 만연을 들 수 있다. 같은 작물을 같은 곳에 계속 재배하면 해당 작물에 생육하는 미생물이나 해충만 남게 되고, 그밖의 유용한 미생물이나 익충의 종류와 수가 점차 줄어든다. 또 작물의 부산물을 분해하는 과정에서 생성되는 독소가 작물을 연약하게 만들어 각종 병충해에 대한 저항력을 떨어뜨린다.

둘째, 염류 집적이다. 농업에서 염이란 소금만을 일컫는 것은 아니다. 주로 산과 염기의 결합을 말하는데, 황산(산)+칼륨(염기)이 결합한 것이 황산칼륨이 되듯이 대부분의 화학비료는 염으로 이루어져 있다. 그런데 염은 작물의 생육에 반드시 필요한 영양소이긴 하지만, 토양에 지나치게 많으면 염류 집적이 일어나 땅이 나빠지고 작물도 잘 자라지 못하는 것은 물론, 수확량과 품질도 떨어진다.

셋째, 미량 요소의 결핍을 들 수 있다. 작물은 대부분 특정 영양분을 좋아하는데, 연작을 하면 이 양분만을 오랫동안 흡수하여 이용한다. 따라서 지속적으로 공급받지 않으면 궁극적으로 부족 현상을 일으킨다. 가장 좋은 미량 원소의 공급원은 해당 작물의 유체에 들어 있으므로 수확한 뒤 그 부산물을 다시 흙에 되돌려주는 것이 좋다. 즉, 벼농사에 가장 적합하고 우수한 보약은 볏짚과 왕겨와 쌀겨이다.

넷째, 뿌리에서 유해 물질을 분비한다. 같은 작물을 오랫동안 똑같은 장소에서 계속 재배하면 작물의 뿌리나 지상부의 작물 찌꺼기가 토양에서 분해되면서 독소가 생겨 작물이 중독되는 현상이 나타난다.

| 배추를 연작할 때 나타나는 뿌리혹병 피해 |

| 오이 재배지의 선충 피해 |

몸길이
0.5mm 정도

몸길이
0.4mm 정도

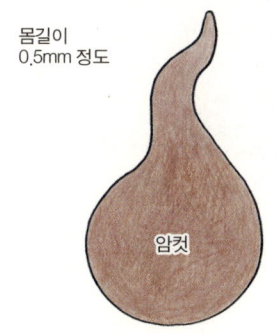 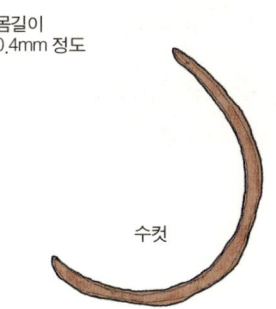

암컷　　　　　　　　　수컷

| 혹 안에 있는 근류선충 |

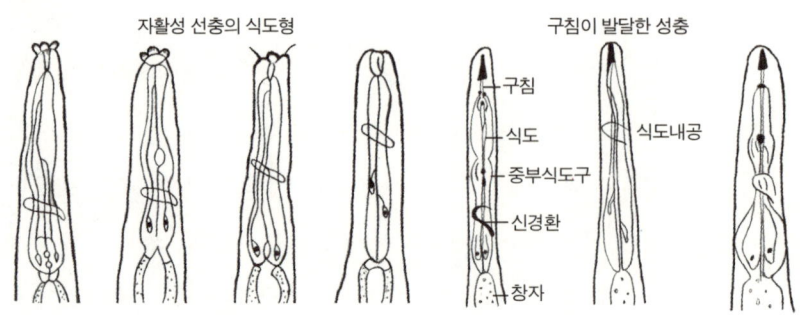

| 근부선충 |

출처: 「연작 장해 원인과 그 대책」, 『새농사』, 1984년 4월호, 중앙종묘(주)

| ①배추뿌리혹병 ②농약 친 것 ③2년 돌려짓기한 것 |

출처: 『일본 현대농업』, 1997년 10월호, 164쪽

(3) 연작 장해의 해결책은 무엇인가?

①염류 집적의 방지 및 제염 대책으로는 집적된 염류를 비나 담수로 씻어내는 방법이 있다. 비닐 하우스나 노지의 비닐 덮개도 휴한기에는 피복물을 벗겨서 관리한다. 물을 댈 때에는 물을 흘려보내야 효과가 있다. 단순히 물을 담아 놓기만 하면 지하로 내려갔다가 건조할 때 모세관현상에 따라 다시 지표면으로 올라오기 때문이다.

②비료 성분이 낮은 완숙퇴비를 사용하여 토양에 지나치게 남아 있는 영양분을 흡수토록 하고, 이를 서서히 분해하여 작물에 공급하도록 한다. 미숙된 가축 분뇨는 되도록 사용하지 않는 것이 좋다.

③벼과작물을 재배하여 남아 있는 염류를 흡수하도록 하는 방법이 있다. 여름철 고온기에 사료용 옥수수나 수수 같은 작물을 재배하여 베어내고 로터리를 쳐서 토양에 환원해주면, 유기물 함량을 높이고 염류 집적을 줄이는 효과도 있다. 벼를 심는 것도 좋은 방법이다.

④합리적인 시비 방법이 필요하다. 비료를 한꺼번에 많이 주지 말고, 토양을 분석하여 작물의 생육에 필요한 적정량을 필요한 만큼 나누어주는 것이 좋다.

⑤토양의 수분을 적정하게 관리한다. 농토 표면이 건조하면 땅속에 있는 염류들이 모세관현상으로 올라오는데, 이렇게 되면 염류의 농도가 높아져 미생물이 줄어들고 양분의 흡수가 나빠지는 등 작물이 피해를 받는다. 그래서 수분을 적절히 관리해야 한다.

⑥깊이갈이 및 흙 뒤집기를 한다. 하우스 재배에서는 약 30~40cm

| 염류 장해로 피해를 입은 밭 |

정도로 깊이 갈거나, 또는 약 60cm 정도로 속흙을 뒤집어주면 물리성이 개선되고 염류 집적을 해소하는 데 효과가 있다. 보통 깊이갈이는 1년에 1회, 흙 뒤집기는 2년에 1회 정도가 적당하다.

오이 재배시 심토 반전에 따른 염류 장해 경감 효과

처리	토양 염농도(ds/m)	이상과율(%)	오이 상품 수량(kg/10a)
대비구	1.49	22.7	3,415(100)
물대기(30mm/5일)	0.96	13.9	3,835(113)
심토반전 60cm	0.77	7.5	5,343(156)

| 진주 장근환 씨 |
20년 이상 고추를 연작 재배한 곳의
염류 장해 해결 방법

⑦객토 및 표토를 제거한다. 지표면에 염류가 많이 축적된 경우에는 1cm 정도 두께로 마사나 황토 등으로 객토를 하거나 염류가 집적된 표토를 긁어내고 새로 조성된 척박지나 개간지에 가져다 객토하면 좋다. 이때 객토 작업을 한 땅은 시비량을 잘 따져야 한다.

⑧논과 밭의 돌려짓기를 한다.
- 벼농사가 가능한 연작 시설 재배지에서 3년에 1회 정도 벼를 재배하면 염류 집적을 해소하고 선충 등을 방제하는 등 모든 연작 장해를 줄일 수 있다.
- 오이 농사의 경우 주기적으로 3년에 1회 정도 벼를 재배하면 매우 효과가 높고, 휴한기에는 1년에 1회 2주 이상 물을 대서 흘러가도록 한다. 또 볏짚을 되돌려주고 깊이갈이를 하면 염류 집적에 따른 연작 장해를 해소하는 데 효과가 크다.
- 유기재배를 하는 농토에서는 질소질과 유기물을 확보하기 위해 녹비작물(자운영, 헤어리베치 등)을 심어 돌려짓기를 한다.

⑨완숙된 발효퇴비를 사용하여 선충과 유해 미생물의 천적화를 꾀한다. 또 선충을 방제하기 위해 네마황, 네마장황 등의 녹비작물이나 갓, 메리골드 등을 심어 방제하기도 한다.

(4) 연작할 때 극심한 피해를 주는 선충은 발효퇴비로 해결한다

전국적으로 농토에 연작 피해가 심각한 것은 틀림없는 사실이다. 이 문제를 해결하고자 어떤 농민은 온갖 노력을 기울이는 반면, 또 다른 농민은 피해가 있는지도 모르고 매년 해오던 대로 농사를 지어 점점 피해

토양 관리 방법별 방울토마토 수량 및 품질 비교

처리 구별	10a수량(kg)			상품과율 (%)	당도 (Brix)
	총수량	상품과량	수량지수(%)		
심토 반전	3,800	3,200	137.9	84.2	13.5
전답 윤환	4,300	3,850	165.9	89.5	13.8
담수 처리	4,100	3,620	155.2	87.8	12.9
태양열 소독	4,250	3,800	163.8	89.4	12.9
무처리	2,850	2,320	100	81.4	12.1

가 커지고 있다.

　연작 장해의 원인은 여러 가지가 있지만, 그중에서도 가장 심각한 것은 병해충의 만연이다. 연작을 하면 해당 작물에 살 수 있는 미생물만 남게 되고, 그밖에 유용한 미생물의 종류와 수는 점차 줄어든다. 또한 작물의 부산물을 분해시키는 과정에서 생성되는 독소가 작물을 연약하게 하여 병충해에 대한 저항력을 떨어뜨린다.

　그 가운데 가장 문제가 되는 병충해는 선충이다. 선충은 크게 근류선충根瘤線蟲과 근부선충根腐線蟲으로 나눌 수 있다.

　근류선충은 18°C 이상이 되면 땅속에서 먹이를 찾아 헤매다 식물 뿌리의 연한 부분에 침입하여 정착해 성장한다. 몸길이는 암컷이 0.5mm 정도, 수컷은 0.4mm 정도이다. 식물의 조직 안에서 성장하면서 분비하는 독소 때문에 작물에 혹이 생기는데, 선충은 그 안에서 생활한다. 그러면 작물의 뿌리가 정상적으로 발달하지 못하고 결국 식물 전체에 영향을 미친다.

가끔 시중에 유통되는 수삼에서도 이 혹을 찾아볼 수 있으며, 근채류를 포함한 여러 농작물의 뿌리를 관찰하면 쉽게 찾을 수 있다. 콩과식물에는 질소를 고정시키는 유익한 근류균이지만, 다른 식물의 뿌리혹은 해로울 뿐이다. 대부분의 농민들은 농작물의 지상부가 어떻게 자라는지만 중요하게 여기고 지하부에 대해서는 소홀히 하는 경우가 많은데, 이는 고쳐야 할 점이다.

근부선충은 식물에 기생하며 뿌리를 썩게 한다. 암컷과 수컷 모두 0.5mm 정도의 크기로, 구침口針이 발달해 있다. 뿌리 조직 안에서 이동하면서 생활하는 습성이 있다. 근부선충은 식물 뿌리의 겉껍질을 구침으로 공격하여 침투해서, 뿌리의 세포벽을 파괴하고 그 내용물을 양분으로 섭취한다. 따라서 선충이 침투한 부분이나 옮겨 다닌 부위의 조직이 파괴되어 변색된다. 뿌리의 표면이 처음에는 붉은색을 띠다가 황갈색의 조그만 반점이 검게 되어 점점 커지고, 결국 뿌리 전체로 확대되면서 뿌리가 썩는다. 이렇게 되면 뿌리의 중심부만 남아 말라 죽는데, 발육 상태가 나빠지는 것은 물론, 잎이 말라 떨어지는 등 피해가 극심하다. 근부선충은 식물의 조직 안에서 산란하고, 알부터 유충과 성충이 한 군데에 여러 마리가 모여 서식한다. 한 세대가 4~5주 동안 서식하다가 뿌리의 세포조직이 죽으면 다시 새로운 뿌리의 세포조직으로 옮겨가며 생활한다.

최근 원예연구소(2008년 6월)에서 실험한 내용에 따르면, 토마토의 시듬병을 예방하기 위해서 300평당 생밀기울 2톤을 넣었더니 시듬병이 최대 85%가 줄고, 생육이 크게 개선되었다고 한다. 그러나 밀기울은 현실적으로 구하기가 어렵고, 가격도 현재 1kg당 300원 선으로 300평당 소요비용이 60만 원에 육박하므로 부담스럽다.

또한 밀기울을 사용할 경우 그해에는 효과가 있을지 몰라도 이듬해에도 효과가 지속될지는 의문이다. 밀기울은 몇 개월 만에 분해되어 토양 유기물(부식)로 남는 것이 거의 없기 때문이다. 따라서 시듦병의 병균을 억제하는 물질이나 길항 미생물이 계속 살아남을 수 없다. 그러나 부식 함량이 높은 잘 발효된 퇴비를 사용하면 장기간 토양에 잔류하여 지속적으로 유익한 미생물들이 시듦병을 비롯한 각종 병균을 억제하거나 천적의 역할을 할 수 있다.

흥미로운 사례 하나를 들면, 연작 재배를 하는 곳에서는 입고병과 시듦병 피해가 아주 극심하게 나타난다는 것이다. 이 병원균은 후사리움인데, 이상하게도 선충과는 친화적이다. 페스트균을 몸에 품은 쥐벼룩이 쥐에 기생하지만, 쥐는 페스트에 걸리지 않고 쥐벼룩에 물린 사람이 병에 걸리는 것처럼, 선충과 후사리움은 수반성隨伴性 이복利福관계를 맺고 있다. 후사리움은 식물에 직접적인 병해를 일으키지 않지만, 선충이 식물의 뿌리에 상처를 내어 침입하면 선충의 몸에 있던 후사리움이 식물의 조직으로 들어가 피해를 준다. 특히 전국적으로 토마토의 주산지에 극심한 피해를 주는 청고병도 땅속에 있는 세균이 일으키는데, 단독으로는 뿌리에 침입하지 못한다. 그러나 선충으로 피해를 입으면 뿌리의 상처 부위로 청고병균이 들어가 병을 일으킨다. 청고병이나 시듦병 모두 토양 전염병이므로 단기적으로 끝내는 밀기울 방제보다는 땅심을 높여 근본적으로 병을 방제하는 방법이 가장 쉽고 효과적이다.

농가에서 선충을 방제하기 위해서 가장 손쉽게 택하는 방법은 바로 맹독성 농약으로 토양을 소독하는 것이다. 1년 차에는 매우 효과가 높지만, 2~3년 차에는 효과도 없을 뿐만 아니라 저항성이 강해지고, 또 다른 강력한 종류가 증가한다고 한다. 병원균도 마찬가지이다. 토양 소독을 아무리 철저히 하더라도 병해충을 박멸할 수는 없다. 오히려 천적이 사라져 병해충이 더욱 세력을 확장해 증식하는 결과만 가져온다. 농약은 결코 만능이 될 수 없다. 토양과 기후조건에 따라 차이는 있겠지만, 친환경농업에서는 선충의 서식 밀도를 줄이는 돌려짓기 체계나 생물방제를 이용하는 방법이 필수이다. 메밀의 뒷그루로 기장을 심는다든지, 사이짓기로 메리골드를 심는다든지 하는 다양한 방법이 있는데, 우리나라의 경우 특히 시설재배에서는 연중 돈을 만들어야(換金) 하므로 이보다는 천적을 이용하는 방법이 가장 좋다고 생각한다. 생태계의 먹이사슬인 고양이와 쥐, 뱀과 개구리, 거미와 멸구처럼 나쁜 선충을 잡아먹는 천적을 이용하는 방법이 가장 좋을 것이다. 이러한 방법은 모두 잘 발효된 퇴비와 연관이 있다.

퇴비를 발효시킬 때 최초 1개월 정도는 60~70°C 이상의 고온에서 발효시키고 그뒤 3~6개월 이상 후숙을 시키면 나쁜 선충을 잡아먹는 포식성(Anti-Nematode) 대형선충이 생기는데, 이 한 마리가 2주 동안 나쁜 선충 1,332마리를 포식한다고 한다. 또 300평당 발효퇴비 1톤을 넣으면 소독을 하지 않아도 연간 14~15%의 나쁜 선충이 자연도태된다고 한다.

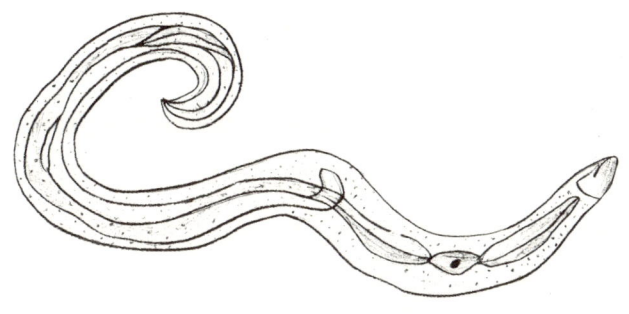

| 퇴비선충 또는 포식성 대형선충 |

| 청고병 |

 퇴비에 하얀 눈처럼 보이는 것이 바로 유익한 미생물인 방선균류인데, 이 방선균류도 균사와 함정을 만들어 나쁜 선충을 잡아먹는다. 또 질 좋은 발효퇴비를 농토에 넣으면 지렁이가 많이 생기는데, 지렁이 역

시 나쁜 선충을 없애준다.

　유기재배를 오랫동안 해온 농가에서는 퇴비의 품질과 효과뿐만 아니라, 살아 있는 땅을 만들려면 발효퇴비가 필수라는 사실을 잘 알고 있다. 그러나 여전히 일반적으로는 퇴비를 유기물의 개념으로만 사용하고 있을 뿐, 발효에서 얻을 수 있는 이 엄청난 환경친화적 효과에 대해서는 관심이 별로 없다는 점이 문제이다.

⑸ 톱밥발효퇴비로 연작 장해를 해결할 수 있다

　최근 몇십 년 동안 각종 농산물의 주산지가 많이 바뀌었다. 사실 주산지라는 명칭을 붙이려면 특정 재배지역에서 생산량이 많고 모든 부문에서 품질도 좋아야 한다. 이는 기후풍토가 맞아 재배하기 쉽고, 특히 저장성과 맛 등이 우수하여 다른 곳과의 판매 경쟁에서 이길 수 있기 때문이다.

　주산지의 이동 사례를 보면, 인삼 재배지의 이동이 가장 심하며, 강원도의 고랭지 채소단지 재배지가 그 뒤를 잇고 있다. 양파 재배지로 유명했던 영남 지역들의 인기 하락이나, 같은 군 안에서도 A면이 원래 풋고추 주산지였는데 연작으로 말미암아 접경 지역의 다른 면으로 옮겨 간다든지, 또 유명한 어느 남부 지방의 바닷가에서 재배되는 갓은 옛날 맛이 점차 사라져 가기도 한다.

　몇 년 전 친환경 쌀의 생산지로 유명한 곳에 영농교육을 갔는데, 칠순이 넘은 분께서 "내가 이곳에서 40년 이상 도정공장을 했는데, 요즘 유기농 쌀이라 해도 우리가 어렸을 때 먹던 그 쌀밥보다는 맛이 못하더라"

고 이야기했다. 이 말은 우리가 정말로 귀담아들어야 한다.

몇 년 전 일본 여자영양대학의 연구에 따르면, 1954년과 1991년도의 부추와 피망, 호박 등 몇 가지 채소의 영양소를 비교 분석한 결과 1991년도의 채소에 철분과 비타민, 칼슘 등의 영양소가 1/2~1/3 이하로 떨어졌다고 한다. 겉보기에는 클 뿐만 아니라 아주 좋아 보이고 당분도 높았지만 정작 영양소면에선 실속이 없었다는 것이다. 이는 작물을 속성으로 기르려고 농약과 화학비료에 맞게 육종하고 재배한 것이 주원인인 것 같다.

가장 최근(2013년 1월)에 한국 유기농인삼연합회에서 퇴비 관련 강연을 요청받은 적이 있다. 인삼에 농약을 많이 친다는 이야기가 있어 인삼

| 일본 효소의 세계사 방문 당시 시마모토 회장님과 함께 |

도 유기재배를 하면 참 좋겠다고 생각하던 터라 반갑고 고맙기까지 했다. 강연을 가기 전, 오래전부터 알고 지낸 농업계의 대가 김 선생님에게 전화를 드려 옛날에는 인삼밭의 예정지를 어떻게 관리했는지 문의했다. 이분은 국내 최고의 S대학 농과대를 나와 직접 인삼을 재배했으며, 많은 외국의 농업 관련 서적을 번역하다가 지금은 고령으로 은퇴한 분이다. 김 선생님은 "옛날에는 퇴비가 없어서 산에서 떡갈나무 잎을 끌어다가 밭에 넣고 10~15회 정도 갈아엎어 땅을 만들었다. 요즘은 녹비작물을 재배하거나 각종 유기물을 넣고 마지막 갈이를 할 때 톱밥퇴비를 넣으면 아주 좋다"라고 했다. 그리고 "요즘 인삼이 옛날 인삼보다 품질에서는 어떠냐"고 묻자, 서슴없이 "옛날 인삼보다 못하다"고 했다.

현재 인삼을 재배하는 농가에서 주로 사용하는 녹비작물은 수단그라스와 호밀인데, 모두 좋은 소재이다. 그런데 톱밥·파쇄목·전정한 가지 등의 목질류는 리그닌 성분이 많아 약 5년 정도 땅속에서 부식으로 기능하면서 오래간다. 따라서 녹비작물을 재배하고 낙엽과 톱밥 등으로 퇴비를 만들어 함께 넣어준다면 단기간 또는 장기간에 걸쳐 인삼의 생육에 좋은 토양 환경을 만들 수가 있다. 당연히 더 좋은 품질의 인삼을 생산할 수 있을 것이다. 그리고 여기에 인삼의 유기재배에 도전하는 모든 분에게 응원을 보낸다는 말을 덧붙이고 싶다.

요즘 우리나라에서는 정밀농업과 저투입농업이란 용어가 유행해 마치 과학적으로 연작 장해를 해결할 수 있는 방법처럼 이야기하는데, 필자는 다음과 같은 이유로 이에 관한 문제점을 지적하고자 한다.

연작 장해의 원인은 여러 가지가 있지만, 그 가운데 주요한 몇 가지를 들면 ①병충해 만연 ②염류 집적 ③미량 요소 결핍 ④유해물질 분비이다. 그런데 정밀농업과 저투입농업에서 해당 농사철에 작물에 필요한 영양분 공급할 때, 주로 화학비료를 위주로 한 질소·인산·칼륨과 미량 원소를 포함해 20종 미만일 것이다. 시비 흡수량을 보면 질소와 칼륨은 30~60%, 인산은 5~25% 흡수할 수 있을 뿐이다. 이때도 유실량을 흡착하여 보관할 수 있는 토양 유기물이 필수이다. 앞에서도 말했지만 적정한 시비를 하고, 식물의 생장에 적합하게 잘 만든 암면배지를 사용하는 수경재배일지라도 2~3년을 못 넘기고 그것을 교체하는 것을 보면, 화학비료를 위주로 하는 농사에서는 염류 집적을 방지하는 일이 그리 쉽지 않다는 것을 확인할 수 있다.

어떤 분은 퇴비를 많이 주면 염류 집적 문제가 더욱 커진다고 말할지도 모르지만, 이는 발효퇴비를 잘 모르고 하는 이야기이다. 분명히 미숙된 축분이나 발효되지 않은 퇴비를 사용하면 크게 문제가 된다.

미숙퇴비에는 생유기물은 물론, 발효 과정을 거치지 않은 질소질을 포함한 각종 비료 성분이 들어 있다. 미숙된 우분에 질소가 0.3% 있다고 가정하면, 퇴비 1톤에 들어 있는 질소량은 $0.3\% \times 1{,}000kg = 3kg$이 된다. 다비성 작물인 엽채류나 과채류를 재배하면서 작물에 필요한 질소량만 계산하여 매년 이런 미숙퇴비를 지나치게 많이 넣는다면, 염류 집적과 병충해 때문에 농사짓기가 어려워져 엄청난 농약을 사용하게 될 것이다.

그러나 발효퇴비의 질소는 미숙퇴비의 질소와 다르다. 발효퇴비에는 미생물이 퇴비 속의 유기물을 분해하는 과정에서 질소를 영양원(먹이)으로 다 먹어 치우고, 미생물의 사체에 들어 있는 유기태질소를 가진다. 이런 과정이 퇴비나 토양에서 계속 반복되면서 유익한 천적 미생물이 생기고, 땅심도 높아져 필요한 영양분을 공급한다. 또한 양이온 교환용량(보비력)이 높아 작물이 한꺼번에 이용하지 못하고 유실되는 양분까지 흡착했다가 서서히 공급하는 역할도 한다.

한정된 땅에 미량 요소를 투입하지 않고 작물을 계속 재배하여 뽑아내기만 하면 어떻게 될까? 여러 가지 환경조건과 비배관리에 따라 품질에서 차이가 있겠지만, 맛과 저장성에서는 미량 요소가 가장 큰 영향을 미친다. 현재 우리가 작물을 재배할 때 필요한 원소는 17종(다량 원소 9종, 미량 원소 8종)이다. 그런데 과연 작물에 필요한 성분이 이것밖에 없을까? 작물에는 분명히 더 많은 종류의 성분이 필요하다고 확신한다.

고등학교 화학 교과서의 원소 주기율표를 보면, 1960년대에는 119종이었는데 최근에는 121종으로 40년 동안 2종이 더 발견되었다. 이 원소 이외에 아직도 우리가 발견하지 못한 성분들이 많을 것이다. 실례로 미국 워싱턴에서 아폴로 11호가 달에서 가져온 월석月石으로 포트를 만들어 순무 재배를 실험했다. 한쪽에는 귀후비개 1개 정도의 월석가루를 넣고, 다른 한쪽에는 일반 흙으로 대조구를 만들었다. 이 두 종류에 한 달 동안 물만 줘서 키웠는데 월석을 넣은 쪽이 그렇지 않은 쪽보다 지상부가 10배나 더 잘 자랐다고 한다. 아득한 옛날 달과 지구에는 이처럼 생물을 성장시키는 성분이 있었는데, 지구에서는 그 성분이 비에 쓸려 바다로 흘러가 고래 같은 대형동물이 생존했던 반면, 육지에서는 공룡

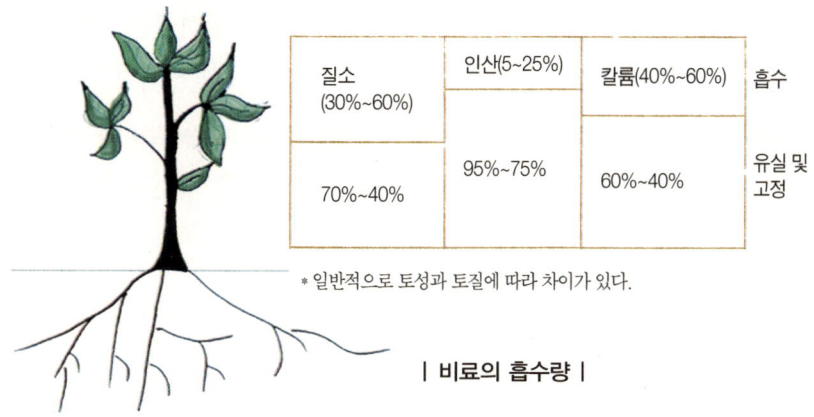

| 비료의 흡수량 |

```
    6개월 동안 비료의 이동거리
    질소   76.2cm
    칼륨   67.3cm
    마그네슘 63.4cm
    칼슘   1 8.5cm
    인산   2cm
```

같은 대형동물이 사라졌다는 것이다.

앞에서 언급한 바와 같이, 농산물의 주산지가 바뀌는 가장 큰 원인은 유통업자들이 품질과 저장성이 떨어지는 지역의 농산물을 잘 구매하지 않았기 때문이다. 일본 사례를 소개하면, 오사카 시 부근의 센난(센슈) 지방은 일본에서 최고 양파 주산지로 유명하다. 그런데 언제부터인가 다른 곳보다 저장성이 떨어져 판로에 문제가 생겨 조사해보니, 칼슘과

마그네슘, 망간, 철분 등의 함량이 표준량보다 절반 이하라는 사실이 발견되었다. 그래서 이러한 성분을 보충하여 문제를 해결했다고 한다. 이처럼 저장성이 떨어져 빨리 부패하는 원인은 각종 미량 요소와 직결되어 있다. 이러한 사실을 종합해보면, 기본적으로 어느 정도 땅심을 확보한 뒤 잘 발효된 톱밥퇴비를 300평당 연간 3톤씩 줄 때 연작 장해 없이 농사지을 수 있다.

제2부
좋은 퇴비의 제조법

| 제1장 |

퇴비

1. 퇴비란 무엇인가?

옛날부터 농촌에서는 척박한 농지를 개량할 목적으로 농민 스스로 퇴비를 만들어 사용했다. 또 화학비료가 없거나 부족할 때 영양을 공급할 목적으로도 사용하는 등, 퇴비는 땅심의 유지와 향상에 매우 중요한 역할을 했다. 그러나 퇴비를 만드는 어려움과 불편함으로 말미암아 점차 퇴비를 포함한 유기물의 사용이 감소하고 화학비료 위주의 농사가 지속되면서 땅심이 나빠졌다. 지금은 매우 심각한 수준에 이르렀다.

퇴비를 제조할 때 사용하는 원료는 산야초, 짚, 낙엽, 조류藻類와 축산분뇨, 기타 동식물을 가공할 때 발생하는 부산물이나 폐기물 등인데, 이를 퇴적하여 발효시킨다. 토양이나 대기에는 세균, 방선균, 사상균 등 다양한 종류의 미생물이 존재한다. 이런 미생물이 통기성과 수분, 먹이 등이 갖추어져 서식하기에 적합한 환경이 되면 유기물을 분해하는데, 이러한 과정이 바로 퇴비화로서 주로 호기성 미생물이 관여한다.

현재 한국에는 퇴비 제조공장이 약 1,400여 개 있다. 1960년대까지만 해도 공장에서 만든 퇴비는 찾아보기 어려웠고, 1977년 8월 3일 비료관리법에 따라 특수비료로 최초 지정 분류된 퇴비, 구비, 초목회, 분뇨잔사, 건계분 등(10종)을 제조하는 공장이 약 60여 개 정도 생겼다. 그동안 공장 수와 생산량이 많이 증가했지만, 질적으로 향상되었다고 할 수 없어 안타깝다.

최근에 퇴비공장에 가면 발효가 잘되도록 뒤적이는 대형 교반기를 볼

| 퇴비 |

수 있다. 이 교반기는 소가 조사료를 아무리 많이 먹어도 소화기관에서 되새김질을 하므로 배설할 때에는 분량이 줄고 비료 효과를 얻는다는 데서 착안했다고 한다.

40~50년 전 농가마다 집 기둥에 '입춘대길立春大吉'이란 글자와 함께 '소지황금출掃地黃金出'이라는 글귀를 써서 붙였다. 이는 마당을 쓸고 농사에서 얻은 폐기물을 잘 모아 질 좋은 퇴비를 만들어 농사를 잘 지으면 소득(황금)을 얻을 수 있다는 뜻이다. 이 글귀는 바로 퇴비의 중요성을 가리키는 것이 아닐까. 옛 농서에는 예로부터 우리 조상들이 퇴비 만드는 일을 농사의 근본으로 생각해 가장 힘썼다고 기록되어 있다.

2. 퇴비의 종류와 사용 원료

현행 비료관리법(2012. 07. 03. 개정고시)에 따르면, 비료의 종류는 보통비료와 부산물비료로 나뉜다. 세부적으로는 각종 비료에 필수적으로 함유해야 할 주성분과 유해성분, 그리고 기타 규격을 정한 비료공정규격이 있다.

• 부산물비료 중 1.부숙비료에 속하는 비료의 종류

01.가축분퇴비 02.퇴비 03.부숙겨 05.분뇨잔사 06.부엽토 10.건조축산폐기물 11.가축분뇨발효액 12.부숙왕겨 13.부숙톱밥 등 9종이 있다. *

• 부산물비료 중 2.유기질비료에 속하는 비료의 종류
①어박 ②골분 ③잠용유박 ④대두유박 ⑤채종유박 ⑥면실유박 ⑦깻묵 ⑧낙화생유박 ⑨아주까리유박 ⑩기타 식물성유박 ⑪쌀겨유박 ⑫혼합유박 ⑬가공계분 ⑭혼합유기질 ⑮증제피혁분 ⑯맥주오니 ⑰유기복합 등 17종이 있다.

• 부산물비료 중 미생물비료의 종류
①토양미생물제제 1종이 있다.

퇴비는 어떤 재료를 사용하여 제조하더라도 반드시 발효 과정을 거쳐야 하는 공통점이 있다. 우리나라의 비료관리법에는 사용하는 원료에 따라 그 제품명을 달리 한다. 그래서 현재 부산물비료로 분류되어 있는 01.가축분퇴비, 02.퇴비, 03.부숙겨, 12.부숙왕겨, 13.부숙톱밥 등은 반드시 부숙 과정이 필요하므로 모두 퇴비 범주에 속한다고 할 수 있다. 또한 실제 퇴비를 제조하는 과정이 아무리 완벽하더라도 원료가 오염되었거나 질이 나쁜 원료를 사용하면 좋은 품질의 퇴비를 기대할 수 없다. 따라서 퇴비의 원료가 매우 중요하다.

비료관리법에서 정한 원료의 사용에 대한 구분을 보면,
(1) 퇴비의 원료로 사용할 수 있는 물질과 그럴 수 없는 물질로 나누

* 부숙비료의 종류는 원래 13종이었는데, 시간이 흐르면서 몇 종이 삭제되고 현재 9종이 남았다. 앞의 숫자는 그 종의 고유번호이다.

는데, 사용할 수 있는 원료는 ①농림부산물류(짚·왕겨·쌀겨·녹비·농작물 잔여물·낙엽·수피·톱밥·나뭇조각·부엽토·야생초·폐사료·한약 찌꺼기, 기타 유사물질 포함 및 상기의 물질을 이용한 버섯폐배지, 이탄·토탄·갈탄, 사업장 잔디 예초물〔골프장 등〕), ②수산부산물(어분·어묵 찌꺼기·해초 찌꺼기·게껍질, 해산물 도매 및 소매장 부산물 포함. 단, 폐수처리 오니는 제외), ③사람과 가축 등 동물의 분뇨(인분뇨처리잔사·구비·우분뇨·돈분뇨·계분, 동애등에 및 지렁이 등 기타 동물의 분뇨. 단, 폐수처리 오니와 퇴비의 원료로 사용할 수 없는 것을 동물의 먹이로 이용하여 배설한 분뇨는 제외), ④음식물류 폐기물(단, 폐수처리 오니는 제외), ⑤식음료품제조업, 유통업, 판매업 또는 담배제조업에서 발생하는 동·식물성 잔재물(도축, 고기 가공 및 저장, 낙농업, 과실 및 야채, 통조림 및 저장 가공, 동식물 유지류, 빵·국수·설탕 및 과자, 배합사료, 조미료, 두부, 주정·소주·인삼주·증류주·약주·탁주·청주·포도주·맥주·청량음료, 다류, 담배제조업 및 기타. 단, 폐수처리 오니는 제외), ⑥미생물(미생물제제), ⑦광물질(소석회·석회석·석회고토·부산소석회·부산석회·패화석·생석회·부산석고·제올라이트. 단 광물질은 부숙하는 과정에 사용해야 하고, 사용량은 전체 원료의 5% 이내에서 사용)이다.

(2) 사전에 분석하여 검토한 뒤 사용할 수 있는 원료로는 ①식료품 제조 및 판매업(수산 포함)에서 발생하는 폐수처리 오니, ②음료품 및 담배제조업에서 발생하는 폐수처리 오니, ③종이제조업에서 발생하는 부산물 및 폐수처리 오니, ④읍·면 단위 농어촌 지역의 생활하수 오니, ⑤제약업에서 물리적 추출, 발효 단순혼합, 무균 조작으로 제조하면서

발생하는 부산물 및 폐수처리 오니, ⑥화장품제조업에서 발생하는 부산물 및 폐수처리 오니, ⑦사람과 가축 등 동물의 분뇨 폐수처리 오니, ⑧음식물류 폐기물의 폐수처리 오니, ⑨기타 위의 사항과 유사한 것 가운데 퇴비의 원료로 활용 가치가 있는 물질이다. 이러한 물질을 퇴비의 원료로 사용하려면, 폐수처리 공정에 첨가하는 물질의 종류 특성과 오니의 물리화학적 성분, 재료의 토양오염 및 분해성에 대한 자료 등 규정에서 정한 항목을 국립농업과학원장의 검토를 받아 적합하다고 판정이 나면 퇴비원료 지정서를 교부받아서 사용할 수 있다.

앞의 내용에 몇 가지 덧붙여 설명하면,

(1) 공정규격에 따라 부숙을 시키는 부산물비료의 완제품이 함유해야 하는 최소한의 유기물 함량은 다음과 같다. 말린 부산물비료에서 가축분퇴비는 55%, 퇴비는 50%, 부숙겨는 50%, 부숙왕겨와 부숙톱밥은 각각 55% 이상이어야 한다. 동일하게 발효된 가축분퇴비들 가운데 가장 우수한 제품은 당연히 유기물 함량이 높은 비료이다.

현재 우리나라의 퇴비업계에서는 유기물 함량과 중금속(8종) 같은 유해 성분이나 수분, 염분, 유기물과 질소의 비율과 부숙도 측정 등 비료관리법의 공정규격에 따라 비료를 만들어 시판한다. 그러나 우리가 바라는 만큼 품질 좋은 퇴비가 유통되지 않는다는 것도 사실이다. 중금속이나 유해 화합물질인 도료 등에 오염된 원료를 사용할 경우 퇴비를 발효시켜도 분해되지 않고, 토양에 시비한 뒤에도 문제가 되며, 특히 중금속은 계속 축적되므로 주의해야 한다.

부산물비료는 1977년 특수비료로 시작했으며, 그동안 품질을 개선하기 위해 공정규격을 자주 바꾸는 등의 기준을 강화했다. 앞으로도 정부와 생산업체에서 많은 노력을 기울이겠지만, 여기에서는 발효가 생명인 퇴비의 부숙도와 관련해 가장 시급한 두 가지 문제를 언급하고자 한다.

첫째, 부숙도의 측정에 관한 부분이다. 부숙도를 측정하는 데에는 솔비타와 콤팩트라는 측정기를 사용한다. 이 기기들은 가스를 발생시켜 그 색깔을 측정하는데, 정확도가 떨어져 퇴비 제조업체에서 그다지 신뢰하지 않는다. 이 두 기기 가운데 하나로 실험해 불합격이 되면 주로 무 종자의 발아시험으로 측정한다. 발아시험은 퇴비 5g과 증류수 100ml를 혼합(1:20)하여 2시간 동안 70°C에서 추출한 뒤, 여과지로 5ml 여과하여 여기에 발아율 85% 이상인 무의 종자 30개를 발아시킨다. 그러고 나서 무 종자의 발아 정도와 뿌리 길이 등을 아무것도 처리하지 않은 대조구와 대비하여 판단한다. 사실 흙과 완숙퇴비 50% 정도를 섞어도 작물에 전혀 피해가 없는데, 발아시험에서 사용하는 5% 퇴비의 양은 너무 적다고 생각한다(부록 5 「퇴비의 품질을 검사하는 방법」 참조).

둘째, 친환경농업육성법(2011. 11.)에 따르면, * 유기농업에서 사용할 수 있는 가축분뇨는 "퇴비화 과정에서 퇴비더미의 온도가 15일 이상 55~75°C를 유지하고, 이 기간에 5회 이상 뒤집어야 한다." 이 내용은 옴리(OMRI, 유기물질연구소)라는 미국의 농자재 인증기관에서 그대로 따

* 제9조 제2항에 따른 시행규칙 별표 3. 인증기준 2. 유기농림산물 다. 재배방법의 (가)항

왔는데, 일반적으로 풀이나 짚 등 농장에서 나온 분해되기 쉬운 부산물은 가능할지 몰라도 톱밥이나 왕겨 등 분해되기 힘든 원료는 발효 기간이 너무 짧아 문제가 될 수 있다. 그리고 농가에서 직접 퇴비를 만들려면 이 기간 동안 5회 뒤집는 작업도 사실상 불가능하다.

(2) 앞에 원료를 설명할 때 '오니汚泥'라는 단어는 우리말로는 찌꺼기라 할 수 있다. 오니는 크게 ①공정工程 오니 ②폐수처리廢水處理 오니로 나뉜다. 공정 오니는 제조하는 과정에서 발생한 부스러기나 부산물로, 대개 퇴비의 원료로 사용할 수 있다. 그리고 기계나 바닥 등의 찌꺼기를 물청소하여 나오는 폐수를 그대로 방류하면 각종 오염물질로 말미암아 문제를 일으킬 수 있다. 여기에 응집제라는 화공약품을 넣어 중금속 등을 결합시킨 뒤 물만 배출하고 남은 찌꺼기가 폐수처리 오니이다. 이 오니는 앞에서 언급한, 사전에 분석하여 검토한 뒤 사용할 수 있는 원료에 해당한다. 이 오니를 사용하려면 국립농업과학원장의 검토를 받아야 한다. 퇴비 제품을 구매할 때 어떤 원료인지를 확인하려면 포대 뒷면에 있는 '제품 생산업자 보증표'에 표기된 사항을 참고하면 된다.

(3) 결론적으로 가장 좋은 퇴비는 오염이 안 된 농림축수산업의 부산물을 활용하여 정성껏 발효시켜 만든 자가自家 퇴비이다.

3. 원료가 오염된 퇴비는 농사에 바로 피해를 준다

아무리 좋은 퇴비 원료라 해도 오염되었으면 안 된다. 몇 년 전 한국마사회에서 나온 말똥을 서울 근교에서 버섯을 재배하는 여러 농가에서 가져다 사용한 적이 있다. 그런데 버섯의 종균이 발아하지 않아 큰 문제가 되었다. 이 농가들에서는 해마다 가져다 쓰는 것이라 믿고 사용했다가 문제가 터진 것이다. 그 원인을 찾아보니, 마구간에서 사용한 톱밥이 문제였다. 도료공장에서 오염물질을 흡착시키는 데 쓰던 것이었는데 마사회에서 이를 모르고 납품업자들에게 구입한 것이 화근이었다. 말똥을 분석하니 각종 화학물질(톨루엔, 벤젠 등)에 오염되어 있었다.

또 다른 예로 피혁공장에서 나오는 부산물 속의 크롬을 들 수 있다. 20여 년 전 아직 크롬이 중금속으로 규제받지 않을 때, 피혁공장의 부산물에 비료 성분(특히 질소)이 많고 공짜라는 이유로 많은 농가에서 가져다 사용했다. 중금속은 분해가 되지 않고 계속 축적되어 토양을 오염시킴으로써 작물에 문제를 일으킨다. 또한 중금속이 우리 몸에 들어오면 성장 호르몬의 분비를 방해하고, 효소를 굳게 만든다. 피혁 가공시에 사용하는 크롬이 피부에 닿으면 붉은 반점이 생겨 고생을 한다. 최근 오염이 전혀 없을 것이라 생각했던 해발 900m 고랭지의 토양 분석표를 보니 상당량의 크롬이 검출되었다. 그래서 혹시 피혁 부산물을 사용하지 않았느냐고 물으니 오래전에 사용한 적이 있다는 대답을 들은 경험이 있다.

토양의 중금속 오염은 폐광산 지역을 제외하고 퇴비에서 비롯된다 해도 지나치지 않다. 수은은 사람과 가축의 분뇨에서, 납은 종이제조 과정의 오니에서, 아연은 수산물 폐수처리 오니에서, 구리는 새끼돼지의 분뇨에서, 이타이이타이병을 일으키는 카드뮴은 식품가공 공장의 폐수처리 오니에서 주로 발견된다. 흔한 일은 아니지만, 중금속이 많이 포함된 산업폐기물을 지렁이에게 먹이면 지렁이분에서 그 성분이 바로 검출된 사례도 있다.

이렇듯 퇴비에 오염된 원료를 사용하면 토양에 바로 영향을 미칠 수 있다. 흔히 우리는 물과 대기의 오염만 우려하는데, 사실 이러한 오염은 태풍이 한 번만 지나가도 순식간에 해결된다. 그러나 토양에 흡착된 중금속은 장기간 동안 사라지지 않는다. 현재 우리가 농사짓고 있는 흙은 우리 세대만이 아니라 후대에 물려줄 공간이다. 지금이라도 토양의 관리에 관심을 기울여야 한다.

4. 퇴비를 제조하는 목적

(1) 탄소와 질소는 유기물의 구성원소이므로 퇴비에 반드시 함유되어 있다. 이 두 성분량의 비율을 탄질률(炭窒率, C/N)이라 하는데, 탄소는 미생물의 에너지원이며 질소는 영양원이다.
   ① 볏짚, 보릿짚, 콩대, 수숫대, 톱밥 등은 탄질률이 30 이상이다. 토양의 탄질률은 10 전후인데, 이보다 훨씬 높다. 그래서 이를 조정하지 않고 날것 그대로 토양에 넣으면, 토양에 있는 미생물이 갑자

기 많이 늘어나 탄소를 분해한다. 이와 동시에 다량의 질소 성분이 필요하므로 작물에 일시적으로 질소 부족현상이 일어난다. 이를 흔히 질소 기아현상 또는 탈질현상이라 한다. 퇴비를 제조할 때에는 반드시 탄질률을 30~40 정도로 조정해야 한다. 미생물이 이용한 질소 성분이 나중에 방출되어 일시적으로 생육이 지연되는 현상은 피할 수 없다. 때에 따라 질소 등의 효력이 늦게 나타나 열매가 좋지 않거나 설익는 경우, 또는 가스 피해 등을 입을 수도 있다.

②이와 반대로 탄질률이 7~20 전후인 가축분이나 오니(슬러지)는 그 자체로도 완숙퇴비의 탄질률과 같거나 그보다 훨씬 낮은 수치를 보인다. 탄소에 대한 질소 비율은 볏짚이나 보릿짚, 낙엽보다 훨씬 높고, 분해가 쉬운 유기물이 많이 함유되어 있다. 또 이러한 유기물에는 미생물의 활동과 증식에 필요한 에너지원(탄소)과 영양원(질소)이 이용하기 쉬운 형태로 풍부하게 있어, 그대로 토양에 넣으면 분해가 급격하게 일어난다. 이때 다량의 탄산가스가 발생하여 산소 부족 현상과 함께 암모니아 가스나 환원성 가스 등이 발생한다. 그 결과 농작물이 호흡 장해를 일으켜 양분과 수분의 흡수가 억제되어 생육이 나빠진다. 그러므로 탄질률이 낮은 유기물이더라도 분해되기 쉬운 미숙한 유기물을 다량으로 사용하면 작물에 악영향이 나타난다. 그러므로 이를 시용하기 전에 분해시켜 효과적이고 안전하게 만드는 것이 퇴비화 작업이다.

동물에도 이러한 탄질률이 필요하다. 시골에서 자란 필자는 어린 시절에 개와 고양이가 가끔 풀을 뜯어 먹는 모습을 본 적이 있다.

그 까닭은 속이 좋지 않아 미생물을 활성화시키려고 탄소질을 보충하는 것이라고 한다.

(2) 퇴비 재료의 유기물에 함유되어 있는 유기화합물질(수용성 당분과 질소 포함) 등 유해 성분을 미리 분해시켜, 이를 사용할 때 작물에 생육 장해를 일으키는 것을 미연에 방지한다. 또한 유용한 미생물(천적 미생물)이 퇴비에 대량으로 번식하도록 한 뒤 토양에 넣어 병원균을 억제하거나 포식하게 하여 병해를 방제하는 효과도 얻는다.

(3) 퇴비를 고온으로 발효시켜 유기물 속의 유해 병원균과 해충 및 풀씨를 고열로 미리 사멸시킨다.

5. 퇴비화 과정

퇴비화 과정이란 짚류·가축분·톱밥·왕겨·나뭇가지 등과 같은 신선 유기물을 미생물이 번식하기에 좋은 조건으로 만들어, 유해 성분과 조직 등을 미리 분해시켜 작물이 생육하기 좋도록 하는 것이다. 퇴비의 재료에 따라 어느 정도 차이는 있지만, 장기간 실험한 결과 적어도 3개월 이상 호기성 발효를 시킨 완숙퇴비라야 친환경농업에 도움이 된다는 결론을 얻었다.

6. 발효 온도에 따른 균과 기생충의 사멸 관계

(1) 퇴비는 초기에 반드시 고온으로 발효시켜야 한다

발효 온도별(℃)	균 사멸 관계	비고
50	유해 선충	
60	다수의 식물 병원균	
70	다수의 박테리아	
80	다수의 잡초 종자	
90	내열성 잡초 종자	
100	내열성 바이러스	

* 퇴비를 제조할 때 약 1개월 정도 고온에서 발효시키지 않으면 유해한 균을 배양해서 토양에 넣는 것과 같다.

    퇴비를 만들 때 고온으로 발효를 시켜야 한다는 의견과 그렇게 하면 유기물이 타버리니 저온으로 발효시켜야 한다는 의견이 맞서고 있다. 퇴비의 발효온도는 퇴비의 원료 못지않게 중요한 핵심이다. 정확한 답은, 친환경농업을 실천하려면 반드시 초기에 고온 발효를 시켜야 한다는 것이다. 왜냐하면 퇴비의 원료에는 유익한 미생물보다 식물의 생육과 토양에 악영향을 미치는 잡균들이 많기 때문이다.

    또한 잡초의 종자를 비롯하여 동식물의 부산물에는 분해가 덜 된 유기화합물이 포함되어 있다. 축분의 경우 각종 항생물질을 비롯해 수의약품과 소화가 되지 않은 사료에 잔류된 나쁜 성분이나 유해 미생물이 문제가 될 수 있다.

특히 퇴비의 유기질원으로 주로 사용하는 목재 부산물(톱밥이나 나무껍질)의 탄닌산·리그닌산·텔빈산·수지 등은 어린 식물의 발아와 발근을 방해하거나 억제하는 성질이 있다. 이러한 성분은 반드시 65°C 이상의 고온에서 1개월 넘게 발효시켜야만 분해되거나 불용성화가 된다.

연작 재배를 할 때 작물의 뿌리에 많은 피해를 주는 선충과 여러 병원균은 50°C 정도에서도 죽기는커녕 오히려 번식을 한다. 최소한 60°C 이상은 되어야 사멸한다. 다수의 박테리아는 70°C에서 죽고, 어떤 잡초의 종자는 80°C에서 죽으며, 내열성 잡초의 종자는 90°C, 내열성 바이러스는 100°C 이상에서야 사멸한다. 심지어 어떤 내열성 균은 포자를 형성해 100°C 이상에서도 죽지 않는다고 한다. 그래서 퇴비를 발효시키는 초기에는 여러 조건을 잘 맞추어 최소한 60~65°C 이상에서 고온 발효시켜 나쁜 균이나 잡초의 종자, 유해 물질 등을 분해해야 한다.

고온 발효시킨 이후 온도가 낮아지는 후숙 단계에서는 병충해를 막는 천연 항생물질을 가진 방선균류를 포함하여 유익한 균들이 많이 번식한다. 이와 같이 유익한 균의 밀도를 높여 토양에 투입하는 것이 유기물의 공급 다음으로 중요한 퇴비 사용의 목적이다.

농사를 잘 짓고 경험이 많은 농부일수록 "퇴비는 발효가 생명"이라고 말한다. 지극히 당연한 이야기이다. 완숙퇴비와 생퇴비를 똑같이 투입한 뒤 농사를 지으면 당장 그 차이를 알 수 있다. 생퇴비는 토양에서 후발효가 일어나 작물에 피해를 주고, 또 병충해도 많이 발생한다. 하지만 완숙퇴비는 그렇지 않다. 발효를 무시한 채 무조건 유기물만 많이 넣으면 된다는 사고방식은 위험천만하다.

한 번 더 설명하면, 우리의 농토에는 매년 작물의 재배로 각종 병을 일으키는 유해 병원균이 발생한다. 이러한 땅에 발효가 잘되어 유익한 균이 듬뿍 들어 있는 퇴비를 주면, 퇴비에 있는 유익한 균들이 유해 미생물의 발생을 억제하거나 잡아먹는 천적의 역할을 함으로써 병충해를 줄일 수 있다. 이제 농토는 점차 살아 있는 땅이 된다. 반대로 생퇴비나 미숙퇴비를 넣으면 퇴비에 좋은 미생물 대신 나쁜 미생물이 있을 수 있어, 병충해가 더 심하게 발생하여 농약에 의존하게 되면서 점점 더 땅이 나빠질 것이다.

1990년대 중반, 일본에서 유통되는 퇴비의 90% 이상에서 유해 선충이 검출되었다는 내용의 보도를 접한 적이 있다. 이는 모두 미숙퇴비에서 비롯된 문제일 것이다. 필자가 직접 3개월 동안 퇴비를 발효시킨 뒤 분석을 의뢰해 유해 선충을 조사해보니 검출되지 않았다. 3~6개월 정도 퇴비를 발효시키면 후숙 단계에서 유익한 균이 다량으로 발생하는 것은 물론, 유해 선충을 잡아먹는 천적인 퇴비선충(일명 부식선충)이 발생했다. 또한 3개월 발효된 퇴비와 시중에 유통되는 미숙퇴비의 방선균류 수를 조사하니 발효퇴비에 중온성 방선균류는 300배, 고온성 방선균류는 30배 정도 더 많았다.

퇴비를 시용하는 목적은 토양의 통기성과 배수성 같은 물리적 성질을 개선하는 것 외에, 생물학적인 효과와 화학적 개량 등 종합적인 효과를 얻을 수 있기 때문이다. 그 가운데 가장 중요한 두 가지를 꼽으라면 첫째가 토양에 유기물을 공급하는 것이고, 둘째는 퇴비를 발효시켜 배양된 유익한 미생물을 농토에 넣어 유해 미생물의 생육을 억제하거나 잡아먹는 역할을 하도록 하는 것이다. 따라서 친환경농업을 한다면서 퇴비의 발효에는 별 관심이 없고 생유기물이라도 넣기만 하면 된다는 식의 발상은 아주 위험하다. 땅심이나 흙의 생명력은 모두 잘 발효된 퇴비에서 비롯된다는 사실을 명심해야 한다.

좋은 토양 1g에 10억 마리 이상의 미생물이 있다고 하는데, 2억 마리 정도만 있어도 쓸 만한 땅이라 할 수 있다. 1992년 11월 자료에 따르면, 한국의 토양 미생물은 질 좋은 퇴비를 사용하지 않고 화학비료와 제초제를 남용한 결과, 4천만 마리 정도라고 한다. 이는 쓸 만한 땅의 1/5에 지나지 않는다. 20년이 지난 지금은 아마 그보다 훨씬 적어졌을지 모른다. 이런 흙은 볏짚 같은 생유기물을 분해할 능력이 없다. 결론적으로 질 좋은 원료를 선택해서 잘 발효된 퇴비를 사용해야 한다. 유기농업의 기본은 흙을 가꾸는 퇴비에서부터 시작한다는 것을 잊지 말아야 한다.

(2) 퇴비를 제조할 때 발생하는 열에 병원체 및 기생충의 알이 사멸하는 조건

병원체	사멸 조건	비고
콜레라	즉시	
발진티푸스균	55℃에서 30분	
식중독균	55℃에서 1시간, 60℃에서 15분	
이질균(세균)	55℃에서 1시간	
이질균(아메바)	68℃에서 즉시	
회충알	50℃에서 1시간	
십이지장충알	45℃에서 50분	
촌충알	71℃에서 5분, 55℃에서 2시간	
선모충	65℃에서 즉시	

출처: 한국과학기술원, 1981년

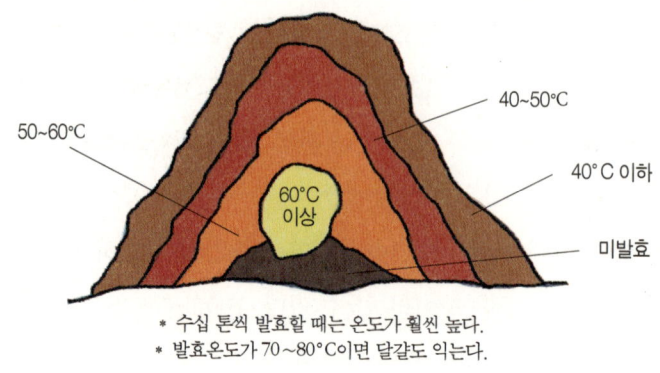

| 퇴비더미의 온도 |

얼마 전 김치에서 기생충 알이 발견되어 사회적으로 문제가 된 적이 있다. 하지만 앞의 표에서처럼 정상적으로 발효된 퇴비를 사용하면 전혀 문제가 없다.

7. 퇴비는 호기성 발효가 좋은가, 혐기성 발효가 좋은가?

퇴비를 만들 때 호기성 발효를 할 것인가, 혐기성 발효를 할 것인가로 고민하거나 그 효과에 대해 궁금해하는 농가가 많다. 호기성 발효란 공기(산소)가 잘 통하게 한 상태에서 부숙을 진행하는 방법으로, 수분을 적당히 조절하고 공기가 잘 통하도록 퇴비더미를 쌓아 퇴비더미의 온도가 떨어질 때마다 자주 뒤집는 것을 말한다. 일반적으로 퇴비의 제조는 주로 호기성 발효를 한다. 통기성이 좋으면 산소를 좋아하는 미생물이 많아져 산소를 많이 소모하여 그 호흡열에 따라 고온으로 발효가 진행된다. 반대로 통기성이 나빠 산소가 부족하면 호기성 미생물의 수는 줄어드는 대신 공기를 싫어하는 미생물들이 득세하여 온도가 떨어진다. 그때마다 공기(산소)를 공급하려고 뒤적이는 것이다.

혐기성 발효란 되도록 촘촘하게 재료를 혼합해서 쌓고 수분을 넉넉하게 준 다음 거의 뒤집지 않는 방법이다. 비닐 같은 것으로 퇴비더미를 밀폐하고, 온도가 올라가면 더욱 촘촘해지게 힘껏 밟거나 물을 뿌려서 온도를 낮추는 것이 혐기성 발효의 중요한 원리이다.

그런데 사실 어떤 발효가 더 좋다고 결론 내리기는 어렵다. 퇴비는 어디까지나 호기성 미생물과 혐기성 미생물의 합작품이지, 어느 한쪽만의 작품이 아니기 때문이다. 다만 발효하는 방법 가운데 어느 쪽의 비중이 더 큰가에 따라서 완성된 퇴비의 품질이 달라진다.

호기성 퇴비의 경우 재료의 색깔이 변하고 원형도 흐트러지지만, 혐기성 퇴비는 재료의 색깔이 약간 붉은색을 띠면서 재료의 원형이 그대로 남아 있다. 과연 어느 쪽을 선택하는 것이 좋을까? 일단 고온 발효를 하면 질소분과 유기물의 에너지가 손실되고 재료의 원형이 많이 분해되어 토양에서 물리성을 개량하는 효과가 줄어든다. 그런 점에서는 혐기성 발효 쪽이 우수하다고 볼 수 있다. 또 사람이 먹는 김치나 가축의 먹이로 쓰이는 사일리지는 영양분을 유지하려고 철저히 혐기성 발효를 한다. 퇴비를 발효시킬 때 혐기성 발효는 영양분을 포함한 여러 장점을 살릴 수 있는 효과가 있다. 그러나 자칫 잘못하면 실패할 확률이 높고, 퇴비의 재료에 따라 발효 온도를 고온으로 올려야 하므로 문제가 된다.

최근 퇴비의 재료로 사용하는 유기질원이 부족하여 나무껍질이나 톱밥, 대패밥 등의 목질류를 사용하는 사례가 거의 대부분이다. 이 목질류는 고온으로 발효시키지 않으면 나무 자체의 독소인 유기화합물이 분해되지 않은 까닭에 종자가 발아하지 않거나 어린 모종이 발근하지 못하는 문제가 생길 수 있다. 따라서 목질류를 원료로 사용하는 퇴비는 반드시 고온으로 장기간 발효시켜야 한다. 또한 혐기성 발효 과정에서 토양 병원균이 죽지 않고 살아남거나 잡균이 많은 '썩은 퇴비'가 될 가능성도 있다. 이 부분에 대해선 뒤에서 상세히 다루기로 한다.

우리가 퇴비를 사용하는 주목적은 토양 유기물을 확보하고 유지하여 농작물이 잘 자라도록 땅의 물리적인 성질을 개량하며 양분을 공급하기 위함이다. 그밖에 퇴비가 발효할 때 생기는 미생물들을 길항 미생물로 삼아 토양에서 병의 발생을 억제하거나 천적 역할을 하도록 하는 것도 중요한 목적이라고 계속 강조했다.

다시 한 번 설명하면, 퇴비는 주로 호기성 발효를 선호하는데, 그 까닭은 호기성균과 경쟁하며 살아가는 각종 병원균이 생존을 위해 항상 혐기 상태를 좋아하기 때문이다. 토양이나 퇴비를 만들 때에 사람과 작물에 질병을 일으키는 병원균은 혐기 상태일 때에만 유용 미생물과 경쟁할 수가 있다. 그리고 질 좋은 퇴비에는 병원균이 없다. 오히려 좋은 유용 미생물의 덩어리이다. 퇴비에 병원균이 있는지 없는지는 퇴비를 제조하는 과정에서 온도 변화를 살펴보면 확실히 알 수 있다. 잘 만든 퇴비더미의 온도가 $60\sim70°C$ 사이에서 적어도 보름 이상 발효했을 때 병원균이 모두 사멸되었기 때문이다.

몇 년 전 일본에 출장을 갔을 때, 시설원예 농가에 기술을 지도하는 분을 만났다. 그는 나쁜 퇴비(불량퇴비)를 대량으로 넣기보다 비록 소량이라도 유익한 균이 많은 퇴비를 준비해서 종자나 모종을 심는 구덩이마다 주는 편이 훨씬 현명하고 경제적이라고 했다. 뿌리가 많이 뻗는 부분에 집중적으로 퇴비를 주어 거기에 유익한 미생물을 풍부하게 확보하라는 것이었다. 그렇게 생육 초기에 뿌리 주위의 미생물들이 세력을 유지하면, 이후 뿌리가 뻗어나갈 때 뿌리 주위의 미생물이 유해한 균을 억제한다는 것이다.

최근 경남 지역의 고추 재배농가에서 들은 바로는, 톱밥퇴비 발효 과정에서 생긴 미생물을 배양한 제제를 정식(定植, 아주심기) 전후에 밭에 뿌리는 것보다 유기물이 많은 상토에 섞어서 사용하면 모종이 훨씬 충실하다고 한다. 또한 정식 이후에는 엽면葉面 살포를 하면 골치 아픈 역병이나 탄저병을 방제할 수 있다고 한다. 또 딸기 모종에 이 미생물을 처리하여 탄저병과 위황병을 예방했다는 경험담도 있다. 이를 통해 모종일 때부터 뿌리 주위에 유익한 미생물을 확보하는 일이 얼마나 중요한지 알 수 있다.

(1) 호기성균과 혐기성균

구분	조건	균 종류
호기성균	산소가 없으면 생육하지 않는 미생물	곰팡이, 고초균, 초산균, 방사선균 등
통성 혐기성균	산소에 관계없이 생육하는 미생물	효모, 유산균, 대장균 등
절대 혐기성균	산소가 있으면 생육하지 않는 미생물	낙산균 등

* 미생물은 먹이, 산소, 온도, 수분, 산도, 광선에 따라 생육에 크게 영향을 받는다.

(2) 미생물 생육의 적온(°C)

균의 종류	최저 온도(°C)	최적 온도(°C)	최고 온도(°C)
저온균	-2~5	10~20	25~30
중온균	10~15	25~40	40~45
고온균	25~45	50~60	70~80

* 미생물은 저온에 강하고, 생육 최저 온도가 되어도 생육만 멈출 뿐 사멸하지 않는다.
그러나 생육 최고 온도보다 10~15°C 높으면 사멸한다.

| 고추 육모시 미생물 처리 효과 |

경남 창원시 북면 외산리 농장에서 실험(2003년 3~8월)

8. 완전퇴비와 불완전퇴비란 무엇인가?

우리는 지금까지 농사지으면서 어떻게든 유기물을 아무렇게나 띄우기만 하면 퇴비라고 알고 있었다. 그러나 퇴비를 발효시키는 방법에 따라 흙속에서 큰 차이를 보인다. 호기성 발효로 만든 퇴비가 흙속에서 호기성 미생물에 분해되면 중성의 토양 부식(humus)이 되므로 완전퇴비라고 할 수 있다. 이와 반대로 처음부터 혐기성 미생물에 분해되어 부패해서 생성된 퇴비가 흙속에서도 혐기성 미생물에 분해되면 산성의 토양 부식이 되므로 불완전퇴비라 할 수 있다. 안타깝게도 많은 경비와 시간, 노력을 들여가면서도 토양을 개량하는 데 전혀 도움이 안 되는 불완전퇴비를 만드는 농가가 상당히 많다.

| 호기성 발효 |

| 혐기성 발효 |

완전퇴비(호기성 발효)
리그닌 단백복합체(리그닌+미생물의 사체)+
염기류(Ca, Mg, K)=중성 토양 부식=완전퇴비

불완전퇴비(혐기성 발효)
리그닌 단백복합체(리그닌+미생물의 사체+
수소이온=산성 토양 부식=불완전퇴비

9. 발효퇴비와 썩은 퇴비의 차이는 무엇인가?

구분	발효퇴비	썩은 퇴비
양분	유효균이 대량 번식하며 이 미생물체의 60%가 좋은 단백질이다.(호기성 발효)	이미 퇴비량의 40%에서 양분이 유실된다.(혐기성 발효)
가스	분해되면 탄산가스가 발생해 작물이 건강하게 자란다.	분해되면 유기산 피해를 입는다. (메탄가스, 질산가스, 인돌, 스카톨 등으로 악취가 난다.)
병원균	고온에서 발효되므로 해충과 병원균, 잡초 종자 등이 사멸되고 유효균이 배양된다. 방선균이 활성화된다. 사상균과 잡균이 거의 없다.	저온에서 발효되므로 유해 병원균이 많다. 유해 선충이 많다. 방선균이 거의 없다. 사상균과 잡균이 많이 번식한다.
산도	사용하면 토양이 중성화된다.	사용하면 토양이 산성화된다.

* 나쁜 퇴비를 대량으로 투입하기보다 비록 소량이더라도 유익한 균이 많은 퇴비를 사용하는 것이 현명하다.

10. 발효 기간에 따른 선충 조사

시료	퇴비 무게	식물 기생성 선충(유해 선충)				부식 선충	판정
		뿌리혹선충	나선선충	주름선충	참선충		
A(3개월)	300g	0	0	0	0	0	적합
B(6개월)	300g	0	0	0	0	1,380	적합
C(부엽토)	300g	0	20	36	60	429	—

A. 토양 생물이 전혀 없음.
B. 토양 응애, 애지렁이알, 부식선충 등 다양한 생물상이 있음.
C. 부엽토는 야산에서 채취한 그대로이며, 식물의 뿌리에 피해를 입히는 기생선충이 다량으로 발견됨.

표의 결과에서 보듯이, 3개월 이상 발효된 퇴비에서만 다양한 미생물은 물론, 유해 선충을 포식하는 부식선충(일명 퇴비선충 또는 포식성 선충)이 발생한다.

현재까지 조사 보고된 바에 따르면, 톱밥과 계분을 발효시킨 퇴비가 가장 효과가 크다고 한다.

11. 발효 기간에 따른 시판 퇴비의 방선균류 밀도 조사

시료명	온도별	중온성 10^5	고온성 10^5	비고
B사 퇴비	1	247	116	3개월 발효
	2	188	82	3개월 발효
	3	506	49	3개월 발효
	평균	314	82	-
J사 퇴비		1	3	시중 유통 퇴비
C사 퇴비		미검출	2	시중 유통 퇴비

출처: 경상대학교 미생물생태학 교실

* 중온성 : 30°C, 고온성 : 45°C에서 3~4일 동안 배양
* 0.1 TSA(Trypticase Soy Agar, 콩 박테리아 배양액의 일종)+0.2% (게 껍질의 주성분인 키틴) 배지

발효가 정상적으로 이루어진 B사 퇴비에서는 일반 퇴비보다 중온성 방선균류가 300배 이상, 고온성 방선균류가 30배 정도 발생한 것을 알 수 있다. 또 무 종자의 발아 실험에서도 20일 정도 발효된 미숙퇴비에선

무 종자의 30%, 3개월 발효된 B사 퇴비에서는 80%가 발아되었다.

방선균의 기능 요약

1. 주로 유기물이 분해되는 후기에 나타난다.
2. 식물의 잔재와 낙엽 등이 퇴비화할 때 부식을 형성하는 중요한 역할을 한다.
3. 녹비·건초·퇴비더미 등의 부식작용을 하며, 대개의 경우 고온의 퇴비더미 표면과 안쪽에서도 잘 증식한다.
4. 수천 종의 방선균 가운데 일부는 감자의 연작 재배지에서 감자 더뎅이병의 원인이 되기도 한다. 이 병은 특이하게도 알칼리성 토양에서 잘 발생하고, 산성 토양에서는 잘 발생하지 않는다.
5. 항생물질을 분비하는 능력이 있으며, 또한 곰팡이와 세균류를 용해하는 효소를 분비하는 등 농토의 미생물상 조성을 조절하는 역할을 한다.
6. 키틴(게껍질의 주성분)과 같이 방선균 균사의 발달을 촉진하는 물질 이용해서 토양을 개량하면 종종 식물 병해의 원인이 되는 곰팡이를 확실히 억제할 수 있다.

12. 외류의 덩굴쪼갬병에 톱밥우분 발효퇴비를 사용한 효과

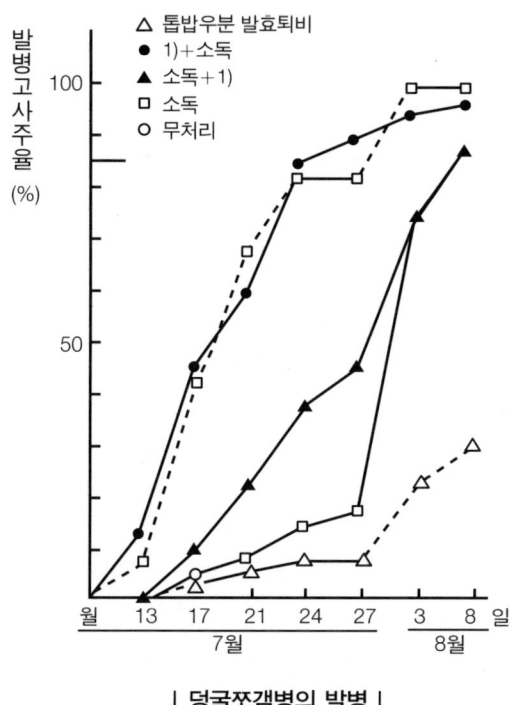

| 덩굴쪼갬병의 발병 |

위 도표에서 보면, 소독으로 처리한 □구역에서 한 달 뒤에 덩굴쪼갬병이 가장 많이 발생하고, 톱밥우분 발효퇴비를 준 △구역에서 가장 적게 발생했다.

| 제2장 |

퇴비의 제조

1. 퇴비 과정의 단계

(1) 제1단계

가장 먼저 단백질과 아미노산·당질·전분 등이 분해되는데, 이때 발육이 빠른 곰팡이와 세균이 많이 발생해 쉽게 분해된다.

(2) 제2단계

퇴비 과정에서 유기물이 분해되고 발열하여 온도가 높아지면 미생물들은 리그닌(목질류), 헤미셀룰로오스(조섬유질), 셀룰로오스(섬유질)를 분해하는데 이때 분해에 관여하는 미생물은 세균과 방선균이다. 이 시기의 퇴비 온도는 60~80°C의 고온이며, 일반 미생물은 생육하지 못해 몇 가지 고온 호기성 방선균만이 분해에 관여한다. 이때 산소를 가장 많이 소비하므로 산소 공급이 필요하다.

(3) 제3단계

셀룰로오스, 헤미셀룰로오스의 분해가 끝나면 퇴비 발효 온도가 점점 떨어지고 리그닌의 분해가 시작된다. 이때 관여하는 미생물은 담자균 (버섯균)에 의해 이루어지며 이 기간 동안 난분해성 유기물은 안정화가 된다.

퇴비화가 됨에 따라 셀룰로오스, 헤미셀룰로오스와 같은 탄소화합물이 분해되어 이산화탄소로 공기 중에 달아나고 전 탄소의 함량은 떨어진다. 이와 반대로, 질소는 미생물체의 성분이 되기 때문에 어느 단계까지 감소하다가 일정하게 유지된다. 이 결과 탄질률(C/N)은 낮아진다.

2. 퇴비 제조의 기본 공정도

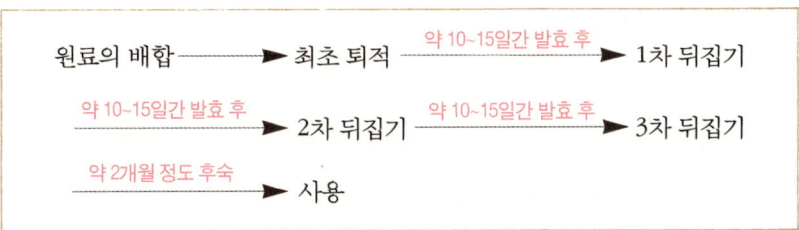

(1) 원료의 배합

① 탄질률을 30 이하(톱밥퇴비는 50까지 가능)로 맞출 수 있도록 원재료와 부재료를 선택한다.

② 선택한 원재료와 부재료를 골고루 섞는데, 이때 볏짚퇴비·축분(구비)·톱밥퇴비 등의 수분은 60~65%, 왕겨퇴비는 55% 정도로 맞춘다.

(2) 최초 퇴적

① 비가 들이치지 않는 장소에서 퇴적한다.

② 발효온도는 일반 퇴비의 경우 60°C 이상, 톱밥퇴비는 65°C 이상 되어야 한다.

(3) 1차 뒤집기

퇴비더미를 뒤집어서 다시 퇴적하는데, 이때도 발효온도가 60~65°C 이상 되어야 한다.

(4) 2차 뒤집기

이때 발효온도는 55~60°C 이상 유지하도록 한다. 내부가 너무 건조하면 수분을 공급한다.

(5) 3차 뒤집기 이후 후숙

① 정상적인 발효가 진행되면 이때도 발효온도를 약 50°C 이상 유지하도

| 여름철 퇴비 온도 |

| 톱밥퇴비의 방선균류 |

* 산의 좋은 흙 냄새는 사실 방선균의 냄새이다.

| 퇴비공장의 발효 과정 |

| 퇴비공장의 포대 퇴비 |

록 한다.

②톱밥퇴비를 제외한 일반 퇴비는 후숙시키지 않고 곧바로 사용해도 된다. 그러나 각종 유익한 미생물이 후숙 단계에서 많이 발생하므로 후숙시킨 뒤 사용하면 더욱 좋다. 톱밥퇴비의 경우 발효된 3개월 뒤부터 나쁜 선충의 천적인 퇴비 선충이 생긴다.

3. 가장 오래가고 연작 장해를 해결할 수 있는 퇴비는?

농사의 순서는 첫째가 작물 생육의 모체인 흙 만들기, 둘째는 품종 선택, 셋째는 비배 관리이다.

원래 땅심이란 단지 비료만 주어서 유지되는 것이 아니라, 유기물을 투여해 흙을 떼알구조로 만들어야 한다. 시중에서 판매하는 유기물이 없는 일반 토양 개량제는 작물에 직접적으로 관계하는 미생물을 배제한 것이라 그 개량제로는 땅심을 유지할 수 없다. 그러나 톱밥으로 만든 톱밥퇴비는 흙속에서 천천히 분해되어 흙의 통기성을 개선해 뿌리의 발육을 돕고, 또한 흙의 수분을 조절하는 보수성과 배수성을 향상시키며, 보비력도 훨씬 좋아진다. 게다가 미량 원소도 다른 퇴비와는 비교할 수 없을 정도로 많이 함유하고 있다.

　토양 미생물이 많은 흙을 비옥한 땅이라 하는데, 이러한 미생물들에는 먹이와 집(서식처)이 필요하다. 만약 유박 같은 것을 주면 약 3개월 정도, 봄에 일반 퇴비를 주면 작물을 한 번 수확할 때쯤에는 흙속에 남는 것이 거의 없다. 그러면 미생물의 먹이와 집이 사라져 미생물 자체도 사멸하게 되는데, 톱밥퇴비는 보통 3개월~5년 정도 흙속에 남아 있으면서 좋은 환경(먹이와 집)을 지속적으로 제공한다. 따라서 시설원예와 연작 장해에 대한 해결책으로 잘 발효된 톱밥퇴비를 연간 300평당 3톤씩 사용하면 아무 문제가 생기지 않는다. 아마 이 지구상에서 땅심을 유지하고 연작 장해를 해결하는 데 톱밥퇴비보다 더 효과적인 퇴비는 없을 것이다.

4. 땅심을 높이는 가장 빠르고 효과적인 소재는 톱밥퇴비

톱밥퇴비는 톱밥을 발효시킨 퇴비를 가리킨다. 우선 여기에서는 목재의 부산물인 우드칩, 대팻밥, 끌밥, 체인톱밥, 나무껍질, 제재톱밥, 과수원의 전정가지를 파쇄한 것 등을 총칭하여 톱밥퇴비의 원료로 삼는다.

한국에서는 톱밥을 퇴비의 재료로 활용한 역사가 짧아 톱밥을 발효시키는 기술의 교육이나 보급이 널리 이루어지지 않았다. 농토의 토양 유기물 함량이 부족해 땅심이 약해져 문제가 심각한 현재, 우리는 톱밥퇴비에 주목해야 한다. 톱밥퇴비는 농가에서 주로 제조하여 사용하는 볏짚퇴비와 비교하면, 토양에서 생성되는 토양 유기물(부식)은 3배 이상, 비료분을 흡수하여 저장하는 염기 치환용량(보비력)은 7배, 기계적·물리적 효과의 지속성은 4배 이상이다. 토양을 개량하는 효과에서 톱밥퇴비를 능가할 소재는 아직 없다고 생각한다.

자료에 따르면, 1922년 당시 우리나라 논 토양의 유기물 함량이 4.4%, 밭은 3.4%로 상당히 높았다. 그런데 최근 자료를 보면 겨우 2~2.2% 안팎일 뿐이다. 그동안 땅심을 무시하고 화학비료 위주로 농사를 지으면서 이렇게 농토가 망가진 것이다.

토양 유기물(부식)의 생성량이나 기계적·물리적 효과라는 측면에서 살펴보면, 일반 퇴비의 경우 매년 300평당 1.5톤씩 10년을 넣으면 토양 유기물의 함량이 1% 증가한다. 그러나 톱밥퇴비는 일반 퇴비와 같은 양을 3년만 넣어도 1% 증가하므로 빠르게 땅심이 회복될 수 있다.

요즘 농민들을 만나보면, "다른 것은 필요 없고 우리 회사의 미생물

제품만 사용하면 농사가 잘된다"거나 "우리 회사의 영양제만 사용하면 농사를 잘 지을 수 있다"고 선전하는 제품이 너무 많아서 헷갈린다고 말한다. 과연 미생물이나 영양제만으로도 농사가 잘될까? 아무리 건강보조식품과 영양제가 발달해도 밥을 먹지 않으면 건강을 유지할 수 없는 것처럼, 농토에 밥은 퇴비이고, 액비(영양제)는 국이며, 화학비료나 유박 같은 유기질비료는 반찬이라고 할 수 있다.

  토양 유기물 속에 있는 탄소와 질소는 미생물의 먹이이며, 어느 하나라도 없으면 미생물이 지속적으로 살 수 없다. 또한 각종 영양제(비료 성분)도 토양 유기물이 없으면 양분을 보관하지 못해 토양에서 유실되거나 고정되어 농작물이 이용할 수 없게 된다. 그러므로 미생물과 영양제의 효과를 보려면 농토에 토양 유기물이 어느 정도 있어야 한다. 그러나 매년 유기물을 보충하지 않고 미생물이나 영양제만 계속 사용하면 오히려 미생물이 활성화되면서 토양의 유기물이 빠르게 분해되어 사라진다. 그 결과 토양이 점점 나빠지고 생육 장해가 일어나 농사에 실패할 수밖에 없다. 다시 한 번 강조하지만, 분해가 어려운 리그닌 함량이 많은 톱밥으로 퇴비를 잘 만들어서 사용하면 오랫동안 토양에서 유기물로 남아 땅심을 빠르게 높이고 보존할 수 있다.

5. 우리나라 부숙왕겨와 부숙톱밥의 역사

우리나라에서 부숙왕겨와 부숙톱밥이라는 명칭은 1980년대 초로 거슬러 올라간다. 당시 농림부의 고시 82-46(1982. 8. 23) 이후부터 부산물 비료의 정식 품목이 되면서 그 명칭을 정식으로 사용하게 되었다. 왕겨는 옛날부터 농가에서 가축분으로 거름을 만들 때 섞어서 사용해왔지만, 톱밥은 목재 특유의 유기화합물(독소)을 분해하기 힘들다는 생각에 철저히 외면받았다. 이렇듯 1982년 농림부 고시 전까지 수많은 우여곡절과 어려움이 있었다.

1970년대에 톱밥은 그 일부를 불쏘시개로 사용하고 나머지는 땅속에 파묻거나 방치한 천덕꾸러기였다. 당시 필자는 국내 최대의 합판공장에서 농장을 관리했는데, 이 회사의 연간 톱밥 발생량이 15,000m^3 이상이었다. 이를 처리하는 데 애를 먹던 1976년 2월, 미국 캘리포니아 주의 국제농장주교육협회에 13개월 과정으로 연수를 가게 되었다. 그때 세계 18개국에서 선발된 농업연수생들과 함께 이론 교육 및 워싱턴·오리건·캘리포니아에 있는 농장에서 연수를 받았다. 당시 필자는 오리건 주의 포틀랜드 부근에서 독일계 형제가 경영하는 수십만 평 규모의 화훼농장에서 연수할 기회를 얻었다. 그곳에서는 국화·포인세티아·수국·백합·튤립을 비롯해 각종 화목류와 초화, 구근류가 연중 생산되었다. 초보 농사꾼인 필자에게는 얼마나 부러운 광경이었는지 모른다.

그런데 며칠 뒤 놀라운 일을 경험하게 되었다. 그 넓은 농장에 입자가 꽤 굵은 톱밥과 나무껍질이 족히 200~300평이 되는 장소에 높이 쌓여 있는 것이 아닌가. 필자는 이를 보고 '미국에서도 톱밥을 공해물질로 취급해 버릴 곳이 없으니까 저렇게 한곳에 모아두는구나' 하고 생각했다. 그런데 일주일이 지난 어느 날, 화분에 초화류를 옮겨 심는데, 소형 로

더로 그 톱밥더미를 퍼다가 화분용 흙으로 쓰는 것이 아닌가! 그때 느꼈던 희열과 환희는 지금도 잊을 수 없다. '아, 톱밥을 퇴비로 만들어 부엽토 대신 쓰는구나!' 곧바로 매니저에게 나무껍질과 톱밥을 화분에 사용해도 되냐고 물으니, 그는 미국의 화훼나 채소, 과수농장에서는 유기물의 공급원으로 목재퇴비 없이는 농사지을 수 없다고 알려주었다.

그때부터 농장의 톱밥 입출고 내역과 발효 과정 등을 유심히 살펴보고, 화분에 심어놓은 각종 식물의 성장 과정도 주의 깊게 관찰했다. 그 당시에 모아놓은 톱밥퇴비에 관한 자료와 귀국 이후 일본지사에서 모은 자료를 바탕으로 회사 부지 안에 간이퇴비장을 만들어 실험을 시작한 때가 1978년 봄이었다.

자료에 따르면, 미국에서는 1950년 초 위스콘신 대학을 중심으로 목재퇴비를 연구하여 이용했다고 한다. 일본에서는 1960년대 초 시마모토 씨가 발효첨가제를 이용해 톱밥퇴비를 제조하는 데 성공한 뒤, 1968년부터 농림성 임업시험장과 북해도 임업시험장, 시미즈항 목재산업협동조합 등에서 기업화가 추진되면서 완전히 자리를 잡았다. 한국에서는 1974년, 당시 산림청 임업시험장에 근무하던 조남석 박사가 『목질계 폐재를 이용한 퇴비화 및 사료화에 관한 교재』를 발간한 것이 시발점이었다. 당시 이를 실용화한 곳은 없었다. 그뒤 필자가 톱밥퇴비를 만들면서 이를 실용화했다. 톱밥퇴비 2호는 비왕산업이라는 회사에서 제조하여 시판을 시작했다.

그후로 우리나라의 퇴비를 생산하는 공장에서는 극히 일부 왕겨(또는 팽연왕겨)를 사용하는 공장을 제외하고, 대부분 유기물원으로 톱밥을 사용하기 시작했다. 그러면서 수요가 폭발하여 톱밥이 아니라 '금밥'이라는 말까지 나오게 되었다. 최근에는 외국에서 수입까지 하고 있다. 지금은 톱밥퇴비나 일반 퇴비의 제조공장은 물론, 축사에 이르기까지 모두 톱밥을 사용한다.

6. 톱밥퇴비의 개발에 얽힌 이야기들

1978년 가을부터 실험적으로 톱밥퇴비를 만들어 김해의 비닐 하우스(2,400평)와 부산 노포동의 노지(8,000평)에서 농사짓기 시작했다. 이때 국내 최초로 미국에서 모종을 직접 수입하여 오리건 농장에서 배운 대로 포트멈(화분국화) 재배를 하고, 백합과 글라디올러스·튤립 등의 구근류와 절화국화·금잔화·안개초·엉겅퀴 등의 초화류 및 식목일 무렵 수확하는 봄배추·무 등 채소와 화훼를 돌려짓기와 섞어짓기 하는 형태로 농사를 지었다.

백합이나 튤립 같은 구근(개나리, 목련 등도 마찬가지)은 반드시 일정 기간 저온에서 지내야만 꽃이 피는 습성이 있어, 꽃을 일찍 피우려면 저온처리를 해야 한다. 요즘이야 저온 창고시설이 잘되어 있어 전혀 문제가 없지만, 당시에는 그런 시설이 없어 중고 냉장고나 정육점의 대형 냉장고를 구입해서 활용했다.

당시 필자는 국화에 관심이 많아 매년 전조(電照, 인공조명을 이용해서 밝고 어두운 시간을 인위적으로 조절하는 방법) 국화를 300~400평 재배했다.

이는 매년 2월의 졸업식 때 절화 수요가 많아 출하가격이 가장 좋았기 때문이었다. 당시 일본 품종인 아마가라天原와 오토메乙女를 재배했는데, 7월에 정식해서 9월 말까지 전등으로 조명하여 일장(日長, 하루 24시간 밝음과 어둠의 비율)을 조절한 뒤 온도를 높여(加溫) 꽃을 피웠다.

그때 직접 만든 톱밥퇴비를 매년 300평당 3톤을 기준으로 3년 동안 꾸준히 사용했다. 그 덕에 연작 피해가 있던 땅이 되살아났고, 국내에서 유일한 서울의 대도꽃시장에서 국화 20송이 1단에 3,200원을 받았다. 당시 전조국화는 마산의 회원동이 전국 최고였는데, 그곳에서 국화 1단에 2,700원을 받던 때였다. 이런 사실이 알려지자 그곳 생산자들이 견학을 오곤 했다. 이밖에도 당시 경험한 바로는, 백합과 글라디올러스 같은 구근류의 경우 똑같은 구근이라도 땅심이 좋은 곳과 나쁜 곳에 따라 꽃봉오리의 수에 엄청난 차이가 있다는 것을 알았다. 똑같은 구근을 심어도 꽃봉오리가 여러 개 달린 것이 많을수록 돈이 되는데, 이는 모든 농작물이 같은 이치일 것이다.

1979년 7월, 400평 규모의 하우스에서 아마가라와 오토메를 각각 200평씩 심었다. 그런데 그해 8월 말 태풍 주디의 영향으로 농장 일대가 모두 물에 잠겼다. 며칠 뒤에 물이 빠져 그곳에 가보니 100평 정도의 국화만 남고 모조리 피해를 입었다. 그래서 나머지 300평을 무엇으로 채울까 궁리했다. 당시 필자는 일본의 농업잡지인 〈가든라이프〉와 〈농경과 원예〉를 정기 구독하고 있었다. 그 책에 우메보시(매실장아찌)를 담글 때 붉은빛과 맛을 내려고 사용하는 자소(紫蘇, 또는 차즈기蘇葉)를 재배하는 방법이 소개되어 있었다.

한국의 들깨도 이와 마찬가지로 단일성 식물(하루의 일조시간이 12시간 이하일 때만 꽃눈이 형성되는 식물)이니, 이미 설치되어 있는 조명을 이용해 연중 재배할 수 있겠다는 생각이 들었다. 그래서 들깨 종자 1말(20리터)를 구입해 200평에다 재배를 시작했다. 들깨와 전등은 약 1미터 거리로 띄워 국화를 재배할 때와 똑같이 조명을 했는데, 10월 말부터 들깻잎을 딸 수 있었다.

당시 필자의 하우스 바로 옆에는 오이를 재배하는 김 노인이란 분이 계셨다. 어느 날 그의 큰아들이 우리 하우스를 찾아와 둘러보면서 전조 들깻잎에 관한 이야기를 많이 나누었다. 나중에 알고 보니 그 사람은 구포강변에서 대규모로 들깻잎을 생산하는 작목반장으로 전국의 판로를 휘어잡고 있었다. 이듬해부터 필자는 김씨와 함께 전조 들깻잎을 재배하기 시작했고, 점차 퍼져 전국으로 확산되었다. 지금은 경남 밀양시와 충남 금산군 추부면이 주산지로 자리를 잡았다. 지난 2008년 9월, 전국적으로 유명한 추부 들깻잎 작목반에 토양관리에 관한 교육을 하러 간 적이 있다. 그곳에서 전조 들깻잎 재배의 역사에 따르면, 지금은 은퇴했지만 당시 추부농협의 조합장이 부산 강동동에서 기술을 이어받아 자체적으로 재배법을 발전시켰다고 한다. 그 이야기를 들으니 새삼 옛날 생각이 떠올라 감개무량했다. 2012년도 밀양시의 들깻잎 매출액은 495억 정도라고 한다.

7. 톱밥퇴비의 제조

(1) 톱밥퇴비의 제조 원리(독소 제거와 탄질률 교정)

완숙된 톱밥퇴비는 분명 좋은 퇴비일 뿐만 아니라, 땅심을 높이는 데 더 이상 좋은 소재가 없다고 여러 번 강조했다. 퇴비의 재료별로 땅심을 높이는 가장 기본인 부식(토양 유기물)이 되는 비율을 비교하면 다음과 같다.

퇴비의 재료별 부식비율

재료별	퇴적량	완전 부식량(%)
볏짚	100	10.8
왕겨	〃	12.8
보리짚	〃	13.2
유채대, 채종대	〃	15.4
낙엽	〃	15.8
갈대	〃	20.0
톱밥	〃	48.5

위의 표에서처럼, 같은 양이라도 톱밥은 볏짚보다 4~5배 정도 많은 부식량이 생긴다. 그 어떤 재료보다 부식 비율이 높음을 알 수 있다.

그렇다면 톱밥퇴비를 만들 때 어떤 점이 어려울까? 크게 두 가지를 들 수 있다.

첫 번째는 반드시 나무가 가진 독소를 제거해야 한다는 점이다. 나무에는 탄닌산·리그닌산·텔빈산·페놀·수지 등과 같은 유기화합물이 들어 있는데, 이 성분들이 종자의 발아나 어린 모종의 발근을 억제한다. 그러므로 가장 먼저 이 독소들을 없애야 한다. 독소를 없애려면 다음의 세 가지 방법이 있다.

　①높은 온도의 증기로 찌거나 끓는 물에 삶는다.

　②생석회나 가성소다 같은 알칼리성 물질로 씻어낸다.

　그러나 이 두 가지 방법은 대량일 경우 실제로 이용하기가 쉽지 않다. 가정이나 꽃가게에서처럼 소량의 배양토를 만들 때에는 드럼통으로 가마솥을 만들어 톱밥을 삶은 뒤, 이를 마사와 혼합해서 부엽토 대신 사용한다. 이때 양분은 따로 공급해도 된다.

　③농업에서 사용하기 가장 좋은 방법은 퇴비를 발효시킬 때 생기는 고온의 발효열로 독소를 분해 또는 불용성화하는 것이다. 퇴비를 제조할 때 원료의 배합과 퇴적조건이 맞으면 발효되면서 온도가 올라가는데, 65°C에서는 2주일, 60°C에서는 3주일 이상 지속되면 일단 독소가 해결된다.

　두 번째로 톱밥은 탄질률(C/N)이 높아서 이를 30:1 이하로 교정해야 한다는 점이다. 퇴비의 재료별 탄질률을 보면 다음의 표와 같다.

　표 가운데 알팔파(자주개자리)와 밀알은 탄질률이 30 이하라 토양에 들어가면 빠르게 분해되어 토양 유기물(부식)의 역할보다는 작물이나 미생물의 영양분으로 효과를 볼 수 있다. 탄질률이 30 이상인 재료는 토

퇴비의 재료별 탄질률

구분	탄질률(C/N)	내구력
알팔파	13	조속 분해
밀알	20	〃
볏짚	67	6개월 이내 분해
보릿짚	135	〃
톱밥	400~1,200	5년 이상 지속

양에 넣기 전에 반드시 질소 성분을 보충하여 30 이하로 교정해야만 작물이 성장할 때 질소 부족 현상이 일어나지 않는다. 미생물은 탄소 성분을 에너지원으로, 그리고 질소 성분을 영양원으로 해서 발생하는데, 토양 미생물이 유기물에 있는 많은 탄소 성분을 분해하려고 작물에 필요한 질소 성분까지 먹어 치우기 때문이다.

특히 독소와 탄질률이 높은 톱밥퇴비를 제대로 발효시키지 않으면 오히려 탄질률이 낮은 다른 소재의 미숙퇴비보다 좋지 않다. 그렇게 되면 수확량이 떨어지는 원인이 되기도 한다. 최근 시중에 나도는 돈사(우사) 톱밥퇴비는 독소와 탄질률이 제대로 해결되지 않은 것이 거의 대부분이다. 따라서 다시 발효시키거나 검증을 한 뒤에 사용해야 한다. 독소와 탄질률에 따른 작물의 피해는 마치 염분으로 피해를 입은 것처럼 보이므로 유의해야 한다.

> **부패하기 쉬운 나무의 순서**
>
> 잎(활엽수〉침엽수) 〉 작은 가지(활엽수〉침엽수) 〉 껍질(활엽수〉침엽수) 〉 통나무의 겉부분(활엽수〉침엽수) 〉 통나무의 속부분(활엽수〉침엽수)
>
> * 굴참나무의 코르크 등은 분해되기 어렵다.

탄질률을 교정하기 위한 계산식

$M = C/R - N$

* M = 첨가하는 질소의 비율 / C = 재료의 탄소 함량 / N = 재료의 질소 함량 / R = 교정하는 탄질률

나왕톱밥을 예로, 탄소(C) 성분=46%, 질소(N) 성분=0.05%이며 교정하는 탄질률(R)=30이라 하자. 계산식에 따라 첨가하는 질소의 비율(M)=46/30-0.05=1.48이 된다. 즉 1,000kg에 1.48%이면 14.8kg에 해당한다. 따라서 나왕톱밥 1톤에 첨가해야 할 질소 성분의 양은 14.8kg이 된다.

일반적으로 토양 유기물 가운데 탄소의 성분비는 1.724:1로 계산한다. 그러나 유기물 중 탄소의 성분비는 명확하게 정해져 있지 않은 것으로 알고 있다. 하지만 유기물 함량을 알고 있고 퇴비를 제조할 목적으로 탄소량을 구할 때에는, 유기물 대 탄소량을 한국의 경우 1.7:1로 환산하면 무난하다.(미국은 1.68:1, 일본은 1.65:1이다.)

퇴비의 원료 1톤에 첨가해야 할 질소량(탄질률을 30으로 교정할 때)

구분	수분(%)	탄소(%)	질소(%)	탄질률	질소 첨가량(kg)
땅콩껍질	8.2	89.2	0.02	4274.1	29.5
밀짚	11.0	55.7	0.48	116.0	13.7
산야초	11.0	35.0	1.19	29.4	0
콩대	15.5	48.5	1.03	47.0	5.8
왕겨	11.8	36.3	0.48	75.6	7.3
자운영	16.7	44.6	2.25	19.8	0

* 탄질률이 30 이하이면 질소를 첨가할 필요가 없다.
* 위의 표에서처럼 퇴비의 재료에는 탄질률을 40 정도로 조정해도 발효시킬 수 있다.
* 퇴비의 원료에 따라 질소 첨가량에 차이가 있다.

퇴비의 원료와 발효 기간에 따른 탄질률의 변화

‖ 실례 1 ‖

① 원재료 : 나왕톱밥 400kg, 쌀겨 40kg, 건조계분 40kg, 수분 조절 55%

② 발효 과정
- 퇴적한 뒤 14일째와 47일째에 뒤집기 2회 실시
- 70일의 발효 기간 가운데 60°C 이상 3주, 65°C 이상 10일 유지

③분석 결과

시료	pH	C (%)	N (%)	C/N	양이온 교환용량
나왕톱밥(生)	5.10	48.0	0.12	406.0	14.5
발효 2개월 뒤	6.95	46.2	0.95	48.0	31.0
발효 5개월 뒤	6.75	45.8	0.90	50.0	57.4
퇴비 7개월 뒤	6.65	46.0	1.02	45.1	64.0

‖ 실례 2 ‖

① 원재료 : 나왕톱밥 300kg, 쌀겨 12kg(퇴적할 때 9kg, 뒤집을 때 3kg), 건조계분 9kg, 요소 7kg, 과석 3kg, 질산칼륨 1.5kg, 고토·철·붕소 약간, 나왕톱밥에 소석회 1.5kg 혼합, 수분 조절 55%

② 발효 과정
- 퇴적하고 47일채 1회 뒤집기
- 65일의 발효 기간 가운데 60°C 이상 10일, 65°C 이상 10일 유지
- 건조 상태를 보고 10~14일 간격으로 퇴비더미에 구멍을 뚫고 적당량의 수분을 공급하여 조절

③분석 결과

시료	pH	C (%)	N (%)	C/N	양이온 교환용량
발효 전	7.10	47.5	1.95	23.8	
65일 뒤	6.75	46.1	1.55	29.1	76.5

(2) 원료의 배합비

톱밥퇴비의 원료와 배합비에 대해 알아보자. 퇴비의 원료는 중금속이나 도료에 오염되지 않은 목재 부산물이면 모두 가능하다. 주로 사용하는 톱밥의 크기는 5mm 정도가 가장 좋으나, 배수가 잘되지 않는 토양에서는 입자가 굵은 것을 발효시켜 사용하면 토양을 개량할 수 있어 더욱 좋다. 톱밥의 수종樹種은 침엽수나 활엽수 가리지 않고 모두 사용할 수 있으며, 방향물질이 있는 삼나무와 편백나무 등도 발효하는 기간이 좀 오래 걸리기는 하지만 가능하다. 그러나 굴참나무의 코르크나 노간주나무 등의 껍질은 피하는 것이 좋다.

종류	탄소	수소	산소	질소	회분
나왕	50.33	6.01	44.35	0.09	0.8
톱밥*	50.26	6.11	44.25	0.07	0.9

* 합판공장에서 채취한 혼합톱밥

(3) 열대산 활엽수재 톱밥의 원소 조성

최근 어느 지역에 강의를 갔더니, 한 강사가 소나무의 톱밥은 산성이라서 퇴비를 만들면 안 된다고 했단다. 참으로 답답한 이야기이다. 또 바닷물에 저장했던 원목의 톱밥을 사용해도 되느냐는 질문을 많이 하는데, 한마디로 전혀 문제가 없다. 침엽수의 경우 바닷물에 저장하지 않기에 아무 문제가 없다. 그리고 합판용으로 수입하는 활엽수의 원목은 바닷물에 저장하기도 하는데, 활엽수는 벌채한 뒤 일주일 이내에 타이로

시스(tylosis)라는 물질이 나와 목재의 양분과 수분의 통로를 막아버린다. 그러잖아도 바닷물의 염분은 목재 속으로 침투하지 못한다. 바닷물의 염분 농도가 약 3%인 데 비해 목재의 염분 농도는 0.054% 정도로, 삼투압현상으로 목재의 염분 농도가 높아지지 않기 때문이다. 실례로, 연필을 깎아 잉크병에 담갔다가 말린 다음 연필의 속까지 염색되었는지 확인하면 잉크가 침투하지 못한 것을 볼 수 있다. 이처럼 목재의 경우 풀과 달리 특수한 세포조직으로 되어 있어, 각종 성분을 선택적으로만 이동시키므로 염분에 관한 문제는 전혀 없다.

앞에서 서술한 톱밥퇴비의 두 가지 제조 원리만 염두에 두고 발효를 잘 시키면 좋은 퇴비가 될 것이다. 톱밥퇴비를 공장식으로 대량 발효시키는 것은 연중 가능하다. 하지만 농가에서 직접 발효시킬 때에는 적어도 하절기에는 3톤 이상, 동절기에는 5톤 정도는 되어야 한다. 또한 늦은 봄부터 여름철의 고온기에는 제대로 열이 올라 발효가 잘된다.

톱밥퇴비의 주요 배합비는 다음의 표와 같다.

표에서 A, B, C의 배합비는 필자가 실제로 해본 결과이고, 일본의 배합비는 문헌에서 인용했다. 질소 성분을 포함한 각종 영양분을 높이려면 원재료인 톱밥과 발효제, 패화석의 양은 그대로 하고 어떤 부재료를 얼마나 넣느냐에 따라 그 결과가 달라진다. 그리고 생톱밥에 유박이나 쌀겨를 10% 정도만 첨가해도 발효가 잘되며, 대량으로 생산할 경우 3% 정도로도 가능하다. 유기재배에 사용할 퇴비에는 요소를 넣을 수 없으니, 그 대신 쌀겨나 깻묵 또는 어분, 혈분, 동물의 내장 등을 질소의 성분량으로 계산하여 사용하면 된다.

톱밥퇴비의 주요 배합비

구분 / 종류	A	B	C	일본 A	일본 B	일본 C
생톱밥	1000kg	1000kg	1000kg	1000kg	1000kg	1000kg
요소	12kg	10kg		10kg		
우분(돈분)			1000kg			
건계분	50kg			50kg	100kg	300kg
유박		50kg				
쌀겨	10kg	50kg	100kg	50kg	650kg	30kg
발효제	약간	약간	약간	약간	약간	약간
패화석	10kg	10kg	10kg			
물	60%	60%	60~65%	55~60%	55~60%	65%
분석치	질소 1.3% 내외 인산 1.0% 내외 칼륨 0.4% 내외					질소 약 1% 내외 인산 약 1% 내외 칼륨 약 1% 내외

 최초 퇴적을 한 뒤 2~3일 지나면 발효온도가 60~70°C로 오르는데, 약 10~15일 정도 이 온도를 지속한 뒤에 온도가 떨어지면 1차로 뒤집어준다. 다시 10~15일 정도 고온을 유지하다가 온도가 떨어지면 또다시 뒤집어준다. 이렇게 2~3회 이상 하면 일단 독소가 제거되고 잡균과 잡초 종자가 사멸되었다고 봐도 좋다. 이후 2~4개월 동안 후숙을 시키면 좋은 톱밥퇴비가 되는데, 후숙 단계에는 월 1회 이상 뒤집어준다. 유

효한 방선균류 등 다량의 미생물이 번식하도록 하려면 6개월에서 1년 동안 후숙시켜 사용하면 된다.

| 톱밥퇴비의 제조 실습(전북 농업마이스터대학 토마토 전공) | ↑↳

제2부 좋은 퇴비의 제조법

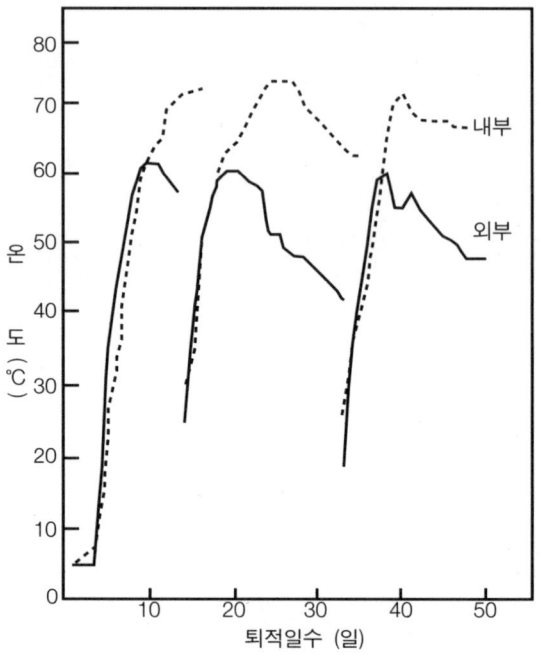

| 부숙 과정의 온도 변화(외기 온도10~20℃) |

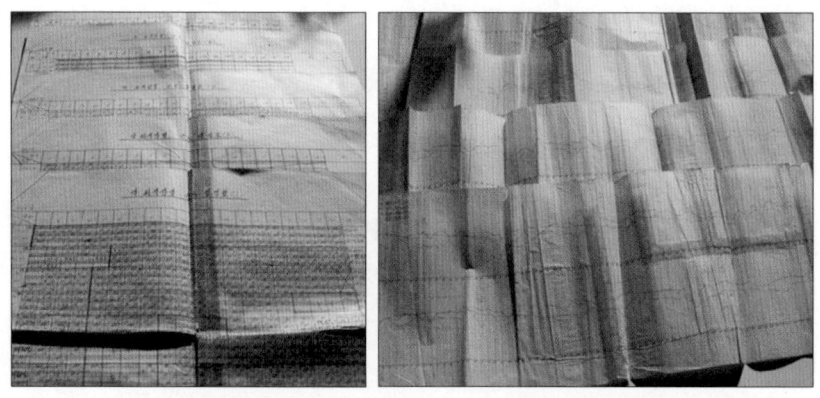

| 톱밥퇴비를 개발할 때 발효 과정의 온도 변화 기록(1979년도) |

이러한 퇴비를 마사와 혼합해서 상토로 사용하면 작물을 튼튼하게 재배할 수 있는 최고의 자재가 될 것이다. 고추나 토마토 같은 과채류는 구덩이에 톱밥퇴비를 종이컵으로 하나씩 넣어 정식한 뒤 가끔 관련 미생물을 엽면 살포하거나 관주하면, 고추에 생기는 골치 아픈 역병이나 탄저병은 물론, 토마토의 시듦병이나 청고병까지도 예방할 수 있다.

(4) 질소 함유별 퇴비의 종류와 상토(배양토) 제조법 요약

구분	배합비	발효 방법	비고
고질소 함유 톱밥퇴비	①톱밥 1,000kg ②건조계분 400kg ③쌀겨 30kg ④발효제 1.5kg ⑤수분 65%로 조절	①비가림 시설 ②퇴적하고 1개월 정도 발효온도 65도 이상 ③10~15일에 1회씩뒤집기 4회 한 뒤 후숙	• 단기간의 다비성 작물 • 과수원에 좋음 • 3개월 이상 발효해 사용
보통질소 함유 톱밥퇴비	①톱밥 1,000kg ②건조계분 300kg ③쌀겨 30kg ④발효제 1.5kg ⑤수분 65%로 조절	위와 같음	• 벼농사, 밭농사 • 시설원예 화분의 배양토 • 3개월 이상 발효해 사용
저질소 함유 톱밥퇴비	①톱밥 1,000kg ②건조계분 150kg ③쌀겨 30kg ④발효제 1.5kg ⑤수분 65%로 조절	위와 같음	• 잡초방제 멀칭용 • 질소과잉 밭의 밑거름 • 엽채류 파종하고 복토용 • 배양토 (과채, 화훼) • 3개월 이상 발효해 사용
상토 만들기	①저질소 함유 톱밥퇴비 50~60%(용량비) ②마사 20% ③논흙 20%		유기질발효비료 1%, 인산발효비료 2%, 초목회 1%, 훈탄 5% 추가하면 아주 좋음

| 톱밥퇴비 혼합상토 B제품 |

  부재료인 건계분과 쌀겨 대신 축분이나 유박, 혈분, 어분 등 질소가 들어 있는 여러 소재로 대체할 수 있다. 질소질이 많이 필요 없는 인삼의 재배는 저질소 함유 톱밥퇴비를 만들어 사용하면 좋다.

(5) 톱밥퇴비의 제조와 사용할 때 주의사항
  앞에서 톱밥퇴비의 제조 원리에서도 이미 설명했지만, 목재에는 식물의 발아나 성장을 방해하는 유기화합물인 탄닌산·리그닌산·텔빈산·페놀·수지 등이 함유되어 있다. 이러한 독소 문제를 해결하려면 최소한 60~65°C 이상 1개월 넘게 발효시켜야 불용성화하거나 분해된다.

따라서 톱밥퇴비는 반드시 고온에서 발효해야 한다고 설명했다. 또한 톱밥퇴비는 탄질률이 높아 작물을 재배할 때 질소가 부족할 수도 있는데, 우리처럼 질소 비료를 많이 사용하는 나라에서는 큰 문제가 되지 않는다. 부족할 경우 조금만 보충해주면 해결할 수 있다.

톱밥퇴비를 3개월 이상 장기간 발효시키고 후숙 단계를 거치면, 최초에 퇴적할 때 60~65% 정도였던 수분이 줄어든다. 톱밥퇴비가 수분 함량이 30% 미만으로 건조되면 미생물이 활동을 중지하는데, 이런 상태로 토양에 넣으면 상당 기간 수분을 흡수하지 않는 현상이 일어나 퇴비 효과가 빠르게 나타나기 어렵다. 그 원인은 발효할 때 생기는 미생물들의 사체가 톱밥퇴비 입자에 붙어 말라 굳어서 생긴 단백질의 변성 때문인 듯하다. 이런 퇴비를 토양에 주면 일시적으로 가뭄 피해를 입을 수도 있고, 퇴비 효과를 곧바로 볼 수 없으니 유의해야 한다. 따라서 퇴비 제조 과정에서 뒤집을 때마다 수분을 체크해 부족하면 보충해주어 함수량이 40% 미만으로 떨어지지 않도록 해야 한다.

과연 퇴비가 잘 발효되었는지 육안이나 손으로 판별하는 작업은 전문가가 아니고는 어렵지만, 농가에서 쉽게 할 수 있는 방법 몇 가지를 소개하기로 한다.

화학적 방법—퇴비의 산도를 측정할 때 부숙이 완료되면 pH의 수치가 내려가 대체로 안정된 현상(pH 6~7)을 보인다. 그리고 암모니아 냄새도 약해진다. 미숙퇴비는 대개 pH가 높고 암모니아 냄새도 강하다.

물리적 방법—돈분의 경우 퇴비에 있는 돼지털을 잡아당겨 판별하는데, 부숙이 진행된 것일수록 쉽게 끊어진다. 톱밥퇴비의 경우에는 손으로 비벼 판별하는데 부숙이 진행될수록 딱딱하지 않고 부드럽다. 또 구멍이 없는 비닐봉지에 퇴비를 넣고 묶어서 햇볕이 잘 드는 곳에 며칠 두고 관찰하면, 미숙된 퇴비일 경우 가스가 나와 부풀어오른다.

생물적 방법—지렁이가 퇴비에 들어가 살 수 있어야 한다. 실제로 시중에 유통되는 퇴비 가운데 그런 제품을 찾기가 힘들다. 몇몇 제품을 땅에 쏟아놓고 거적이나 마대를 덮어 물을 한 양동이씩 부은 뒤 7~10일 정도 놔두면, 퇴비 주변의 수분이 있는 곳에 지렁이가 모여 있는 것을 볼 수 있다. 발효가 잘된 퇴비에는 가스가 나오지 않으므로 그 속으로 지렁이가 파고 들어가지만, 미숙된 퇴비에는 가스 때문에 들어가지 못한다. 그나마 퇴비더미 근처에 지렁이의 수가 가장 많은 것이 괜찮은 퇴비라고 생각하면 된다.

모종 키우기—퇴비와 마사(굵은 입자)를 50:50으로 혼합하여 포트에 넣고 물만 주어 기르면, 부숙 정도가 다른 퇴비라도 2주까지는 별 차이가 없다. 그러나 2주에서 1개월 정도 지나면 미숙퇴비를 사용한 포트는 아래쪽 잎이 지거나 누렇게 색이 변하고 성장이 멈춘다. 완숙된 퇴비일수록 본밭에 정식할 정도로 충실히 자란다. 이렇게 판단하는 방법이 가장 정확할 것이다.

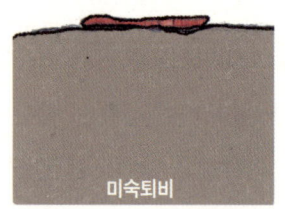 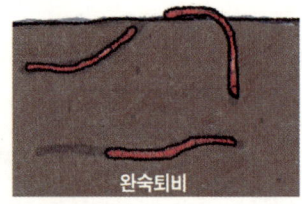

| 지렁이로 퇴비 판별하는 방법 |

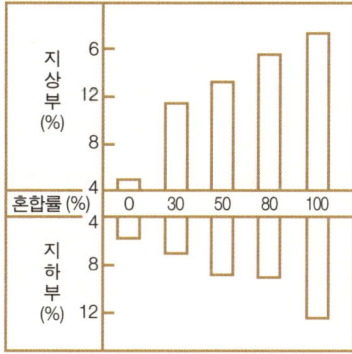

| 톱밥퇴비의 첨가와 무의 생장 |

(5) 톱밥퇴비의 시용 효과

① 시용 효과

- 유해선충(근류선충, 근부선충)을 포식하는 대형 선충이 많이 증식하여 선충 피해가 감소될 수 있다.(실험 예; 대형 선충 1마리가 2주일 동안 1,332마리의 유해 선충을 포식한다.)
- 토양 병원균의 발생을 방지하는 힘이 강해 채소의 탄저병, 입고병, 위조병, 문우병 등에 효과가 있다.
- 연간 3톤 이상씩 사용하면 시설재배에서도 연작이 가능하다.
- 다른 유기질에 비해 토양에서 보수력과 보비력 및 통기성이 매우 뛰어나다.
- 다른 유기질에 비해 미량 원소가 많다.

- 다른 유기질에 비해 지속성이 높으며, 부식 함량이 높아 땅심을 높이는 데 뛰어나다.

② 사용 기준량

- 300평당 500~3,000kg을 표토 10~30cm에 사용한다.
- 분(포트)의 경우에는 작물에 따라 흙 용적의 20~50% 사용한다.

종류 \ 구분	300평당 시비량	비고
엽채류	0.5~1.0톤	
근채류	0.5톤 이상	
과채류	1.0~2.0톤	
벼, 맥류	0.5~1.0톤	
화훼류	1.0~2.0톤	
과수	밑거름 또는 멀칭	고목 : 1그루당 20kg 중목 : 1그루당 10kg 소목 : 1그루당 3kg
정원수	옮겨심을 때 뿌리돌림, 멀칭	묘목 : ㎡당 2kg
잔디	0.5~1.0톤	

③ 주의사항

- 미숙 톱밥퇴비는 독소가 잔류하고 있으니 사용하지 않는다.
- 톱밥퇴비는 너무 마르면 분해가 멈추고 수분 흡수를 제대로 하지 않으므로 보관할 때 함수율 30% 미만이 되지 않도록 한다.
- 질소 성분이 낮은 톱밥퇴비는 영양 부족현상을 일으킬 수 있으므로 유의한다.

④시험 결과(과수유목)

톱밥퇴비를 사용한 뿌리의 발달

구분	주근량(g)	세근량(g)	비율(%)	퇴비 시용량
톱밥퇴비구	174.0	143.5	180	1그루당 600g
계분구	173.1	79.5	100	1그루당 440g

출처: 일본 시범 밀감재배원(2년간 시험)

톱밥퇴비를 사용한 어린 사과나무(부사) 새순의 생육

구분	새순의 길이(cm)	비율(%)	퇴비 시용량
A	49.3	113	1주당 5kg
B	54.5	125	1주당 10kg
C	43.5	100	1주당 0kg

출처: 경북대학교 농과대학

- 과수 묘목을 심을 때 30~40년 전에는 구덩이 가장 아래에 퇴비를 넣고 흙을 약간 덮은 다음 심으라고 했다. 그러나 지금은 대개 퇴비를 넣지 말라고 한다. 그 이유는 무엇일까? 지금은 완숙퇴비를 구하기 힘들고, 미숙퇴비를 사용하면 가스가 발생하거나 부패에 따른 피해를 입을 수 있기 때문이다. 위의 표에서처럼 적량의 완숙퇴비를 사용하면 3~4년 뒤에는 퇴비를 주지 않은 과수보다 거의 2배로 키울 수 있어 수확 시기를 앞당길 수 있다.

8. 각종 퇴비의 제조

(1) 전통적인 퇴·구비 만들기

퇴비는 제조하는 장소와 방법에 따라 자가 제조 퇴비와 포대 퇴비(공장 퇴비)로 구분할 수 있다. 여기에서는 농가에서 전통적으로 제조하던 퇴비를 위주로 살펴보고자 한다. 넓은 의미에서 퇴비와 구비는 똑같다고 할 수도 있는데, 먼저 그 둘의 차이점을 알아보자.

①퇴비

퇴비를 제조할 때 사용하는 원료에는 산야초, 짚, 낙엽, 조류藻類와 축산분뇨 및 기타 동식물의 부산물 또는 폐기물이 있다. 이러한 원료를 퇴적하여 발효시킨 것이 바로 퇴비인데, 이때 탄질률(C/N)이 매우 중요하다. 탄질률이란 유기물에 함유된 탄소와 질소의 비율을 가리키며, 이 비율이 크면 클수록 유기물에 질소 성분이 적다는 뜻이다. 따라서 탄질률이 클수록 미생물이 분해되기 어렵다. 바꾸어 말하면, 유기물을 분해하는 미생물이 많이 발생하여 질소 성분의 먹이가 부족하다는 뜻이다.

또한 탄질률은 유기물이 분해되기 쉬운지 아닌지를 나타내는 지표이다. 각종 원료의 탄질률을 보면, 어분이 5 전후, 깻묵류는 5~6, 계분은 6~7, 돈분은 9~10, 우분은 15~25 정도로 모두 30 이하이다. 이러한 것들은 퇴비를 제조할 때 곧바로 질소원(영양원)으로 사용할 수 있다. 한편 짚류는 60~70, 톱밥과 나무껍질 등의 목재류는 400~1,200으로 매우 높다. 이러한 원료에는 질소질을 첨가하지 않으면 발효가 되지 않을 뿐만 아니라, 생유기물 상태로 토양에 넣으면 작물이 질소 기아현상으로 제대로 생장할 수 없다. 토양의 생유기물에 있는 탄소질을 분해하려고 미생물이 급속히 증식해 몸체(菌體)를 만들면서 작물이 흡수해야 할 질소질을 아미노산 상태로 이용해버리기 때문이다. 양분의 이용 경로를 보면 아미노산이 암모니아로, 암모니아가 질산으로 변해야 비로소 작물의 뿌리를 통해 질소가 공급된다. 이때 미생물이 아미노산 단계에서 대부분의 질소를 이용해 결국 작물이 질소를 이용할 수 없게 되기에 영양 부족현상이 일어나는 것이다. 대체로 토양의 탄질률은 10 전후인데, 토양에 유기물이 추가로 들어가면 끊임없이 미생물들이 이를 분해하여 원래 흙의 탄질률로 되돌아가려는 활동이 일어난다.

　퇴비를 발효시키는 방법은 원료를 잘게 썰거나 파쇄하고(그대로도 가능하다), 미생물의 영양원인 질소 성분의 가축분뇨나 요소, 유안 또는 깻묵, 혈분, 동물의 유체나 질소분이 있는 물질을 추가한다. 이때 탄질률을 30 이하로, 수분은 60~65% 정도로 조절하여 비를 맞지 않는 곳에 1.5~2m 높이로 섞어서 퇴적한다. 보통 여름철에는 퇴적하고 난 2~3일 뒤 퇴비더미의 온도가 70°C 이상 올라간다. 그리고 약 10~15일 정도 지나면 온도는 45~55°C까지 내려가는데, 이때 뒤집어줘야 한다. 볏짚퇴비는 6~7주, 보릿짚은 8~10주 정도면 퇴비로 사용할 수 있다. 뒤집는 횟수는 2~3회면 된다. 300평당 건물 볏짚의 수거량 500~600kg으로 퇴비를 만들면 약 1톤 정도가 되어 낙엽을 원료로 할 때와 비슷하다. 보릿짚은 중량이 20% 정도 더 나온다.

②구비

  축사의 바닥에 깔개로 사용하는 볏짚이나 건초, 왕겨, 갈대, 톱밥 등에 가축분뇨를 혼합한 것이 바로 구비(외양간 두엄)이다. 예전에는 볏짚이나 보릿짚을 주로 사용했지만, 요즘은 톱밥이나 왕겨를 사용하며, 가축이 불쾌감을 느끼기 전에 이를 치워서 퇴적한다. 이때 너무 수분이 많으면 발효가 잘 이루어지지 않아 좋은 퇴비를 만들 수 없다.

  퇴적하는 높이는 1.8m 정도(2m 미만)로 하고, 앞의 퇴비처럼 2~3회 뒤집어주고 수분이 부족하면 보충하도록 한다. 여기에서 가장 주의할 사항은 바로 수분 조절이다. 수분이 지나치면 온도가 오르지 않고 혐기성 발효가 이루어지며, 환원분해하여 불완전퇴비가 된다. 또 반대로 수분이 부족하면 발효열에 따라 수분이 급속히 증발하고, 퇴비의 내부가 고온으로 말미암아 백색으로 변하면서 바싹 말라 퇴비의 효과가 떨어진다. 이런 상태에서는 영양분도 소실되어 퇴비의 기능을 상실한다.

  요즘에는 흔히 포대 퇴비만 사용하고 스스로 퇴비를 만들지 않는 경향이 있다. 하지만 유기농업에 성공한 분들을 만나면 모두 이구동성으로 질 좋은 퇴비를 준비하는 일이 가장 큰 숙제라고 이야기한다. 2008년 5월, 전국귀농운동본부의 행사로 완도군 청산도를 방문한 적이 있다. 그때 만난 어느 농민은 섬이라는 환경 때문에 퇴비 재료를 구하기 어려울 뿐만 아니라, 넓은 농토에 포대 퇴비를 구입해서 쓰려니 수송비 등의 비용이 만만찮아 고민했다고 한다. 그러다가 냇가나 묵은 농지에서 자라는 갈대(산의 억새도 좋다)를 채취해서 축사에 깔개로 쓴 뒤 발효시켜 마늘밭에 사용했더니 정말 좋았다고 했다. 주위를 둘러보면 퇴비의 재료가 무궁무진하게 널려 있다. 사실 갈대는 볏짚보다 리그닌이 2배 정도 많아 토양의 유기물 함량과 함께 땅심을 높이는 데 톱밥 다음으로 좋은 소재이다.

(2) 각종 퇴비 만들기

①부숙왕겨

먼저, 부숙을 풀이하면 썩을 부腐에 익을 숙熟이다. 따라서 부숙왕겨란 왕겨를 잘 발효시킨 퇴비를 가리킨다. 왕겨는 탄소 40%, 질소 0.55%로, 탄질률이 72 정도로 상당히 높은 편이다. 또한 볏짚과 풀, 축산분뇨보다 세포조직 안의 규산 함량이 높아 분해와 발효가 오래 걸리는 원료 가운데 하나이다. 발효가 덜 된 왕겨를 퇴비로 투입할 경우, 왕겨가 토양에서 분해되면서 생기는 가스로 말미암아 뿌리의 발육이 상하고, 질소 부족현상을 일으켜 작물의 생육에 피해가 일어나기도 한다. 따라서 생왕겨를 그대로 사용하면 안 되며, 잘 발효시켜 부숙왕겨로 만드는 것이 매우 중요하다.

그렇다면 부숙왕겨는 어떻게 만들까? 우선 다른 퇴비와 마찬가지로 왕겨가 잘 발효되도록 탄질률과 수분 함량을 조절해야 한다. 발효가 잘 일어나는 탄질률이 30 이하므로, 생왕겨 1,000kg에 건계분 200kg(또는 생계분 500kg), 요소 10kg(또는 유안 20kg), 쌀겨나 유박 40~60kg에 발효제 1봉을 섞어 물을 골고루 뿌려 수분의 함량이 55~60%가 되도록 한다. 계분이나 요소를 사용할 수 없으면 질소의 성분량을 고려하여 깻묵이나 어분, 혈분 등 질소 성분이 높은 유기물을 사용하면 된다.

부숙왕겨 퇴비는 짚이나 산풀, 톱밥 등을 원료로 퇴비를 만드는 것과는 달리 수분을 조금 적게 하면 발효가 더 잘된다. 최초 퇴적한 뒤 3~4일 지나면 온도가 55~60°C 정도로 올라가고, 약 10일 뒤 1차로 뒤집기를 한다. 이때 바깥쪽에 있는 것은 안쪽으로, 위쪽에 있는 것은 아래쪽으로 하여 골고루 섞는다.

수분이 부족하면 물을 조금 뿌리고, 수분이 너무 많으면 생왕겨나 쌀겨를 보충한다. 1차로 뒤집은 뒤 2~3일이 지나면 다시 온도가 올라가고 열이 나는데, 2주 정도 그대로 두었다가 2차로 뒤집는다. 이후 2~3일이 지나면 한 번 더 고온으로 올라간다. 이때 다시 15~20일 두었다가 3차 뒤집기를 한다. 그 즈음에 왕겨의 색깔이 암갈색으로 변하기 시작하는데, 이는 어느 정도 퇴비화가 진행되었다는 신호이다. 이제부터는 수분이 적더라도 보충해주지 않아도 된다.

3차 뒤집기 이후 20~25일이 지나 다시 4차로 뒤집으면 퇴비가 더 잘 숙성되고, 2~3개월 동안 그대로 두었다가 퇴비로 사용한다. 부숙왕겨는 퇴적 기간이 길수록 질 좋은 퇴비가 된다. 최소한 3개월 이상 발효시키는 것이 좋고, 더 오랫동안 발효시키면 더욱 좋은 퇴비가 된다.

퇴비더미의 높이는 최초 퇴적하고 2차 뒤집기를 하기 전까지는 통기성과 작업 조건을 고려해 2m 정도가 알맞다. 3차 뒤집기 이후부터는 조금 낮춰서 1.5m 정도로 하면 좋다. 왕겨가 완전히 부숙되면 수분은 50% 정도이고, 암갈색 또는 갈색으로 변하며 악취가 나지 않는다. 계분이나 암모니아 냄새가 나거나 열이 많이 난다면 아직 발효가 진행되는 과정이라고 보면 된다.

퇴비가 발효되는 과정에서 우리는 자연의 위대함을 엿볼 수 있다. 퇴비가 발효될 때 미세한 호기성 미생물들이 호흡하며 퇴비더미에서 열을 낸다. 이 발효열은 70°C 이상으로 올라가는데, 이 열로 달걀을 삶을 수도 있다. 또한 퇴비더미 속에 파이프를 설치해서 온수를 사용할 수도 있다. 10여 년 전 중국에 갔을 때, 북경 근처의 마을에서 어마어마한 크기의 유기물 저장탱크를 본 적이 있다. 안내원은 그 안에 축산분뇨는 물론 사람의 배설물과 동물의 사체까지, 마을에서 나오는 온갖 유기물을 넣어서 밀폐한다고 했다. 저장탱크에서 혐기성 발효가 진행되는데, 이때 발생하는 메탄가스를 각 가정으로 보내 취사와 난방으로 활용한다는 것이다. 이처럼 미생물이 자연과 인간생활에 유용하게 쓰이는 것을 보면서 미생물이 위대하다는 생각과 함께 고마움을 느꼈다.

② 각종 퇴비의 원료 배합 및 발효 방법의 요약

구분	재료의 배합비	발효 방법	비고
가축분퇴비	① 반건조분 500kg ② 생분 800kg ③ 쌀겨 10kg ④ 퇴비 발효제 2kg	① 혼합하고 4~6일 지나면 온도가 60°C로 상승 ② 퇴적하고 15~20일마다 뒤집기 2회 이상, 후숙 20일 정도	• 퇴비더미의 높이는 1.5~1.8m로 • 수분 60% 정도가 적당 • **2개월 발효하면 사용 가능**
계분발효비료	① 생계분 ② 생계분과 같은 중량이나 절반의 흙, 또는 같은 양의 톱밥이나 왕겨를 혼합 ③ 생계분의 10%에 해당하는 쌀겨를 혼합 ④ 퇴비 발효제는 생계분의 0.1%	① 수분을 50~55% 정도로 혼합한 뒤 퇴적하면 1~2일 지나 고온 발효가 시작 ② 2일마다 뒤집기 2~3회 함 ③ 말려서 장기 보존할 수 있음	• 엽채류, 과채류, 근채류에 좋은 비료 • 과수에도 좋음 • 10일 발효하면 사용 가능

왕겨퇴비	① 왕겨 500kg ② 건계분 100kg ③ 요소 10kg ④ 쌀겨 15kg ⑤ 퇴비 발효제 2kg ⑥ 수분을 55~60%로 조절	① 퇴적하고 2~3일 뒤 55~65℃로 발열 ② 약 10일 뒤 뒤집기 ③ 그 뒤 약 15일마다 2회 이상 뒤집기	• 약 100일 뒤 사용하면 좋음 • **2개월 발효하면 사용 가능**
청초퇴비	① 생풀(자른 것) 2톤 ② 쌀겨 30kg ③ 퇴비 발효제 2kg ④ 물 150리터	① 생풀 10~15cm 위에 배양액을 뿌리면서 퇴적하면 2일 뒤 고온 발효 ② 60℃ 이상 되면 2~3일에 1회씩 3회 뒤집기	• 깨끗한 생수에 쌀겨와 미생물제를 투입하여 섞고 5~6시간 뒀다가 배양액을 만듦 • **15일 발효하면 사용가능**
볏짚발효퇴비	① 건조볏짚 1톤(자른 것) ② 물(생수) 2톤 ③ 쌀겨 50kg ④ 퇴비 발효제 2kg	① 볏짚 20cm 위에 쌀겨와 퇴비 발효제를 뿌림 ② 퇴적하고 3~4일 뒤 중심부 온도가 60℃ 되면 1차 뒤집기(여름 5일, 겨울 10일) ③ 1차 뒤집기 이후 10일 정도면 사용할 수 있음	• 볏짚에 물을 흡수시킴 • 1차로 뒤집을 때 수분이 부족하면 보충 (55~60%) • 토양 개량제로 사용 • **1개월 발효하면 사용 가능**

* 모든 퇴비를 제조할 때에는 비가림 시설이 필요하다.

③ 가축분퇴비의 시비 기준

토양검정에 따른 시비 기준(300평당)

토양유기물함량(%)	2.0 미만	2.1~3.0	3.1 이상
가축분퇴비(kg)	1,600	1,200	800

* 돈분퇴비는 우분퇴비의 40% 정도 시비
* 계분퇴비는 우분퇴비의 35% 정도 시비

토양의 인산 함량에 따른 시비 기준(300평당)

토양유효인산(mg/kg)	101~150	151~200	201~250	251~300	301~350	351~400	400 이상
가축분퇴비(kg)	1,287~1,106	1,102~922	918~737	734~553	549~368	365~184	0

출처: 농과원, 1997년

(3) 발효에 따른 퇴비의 특성

	구분	완숙퇴비	중숙퇴비	미숙퇴비
1	비료 성분(질소)	약간 유실	약간 유실	원료 상태
2	비료 성분의 연간 이용률(%)	30(지효성)	40(중간)	50(속효성)
3	파리, 구데기의 발생 정도	없음	보통임	많음
4	가축분 내의 항생제 분해 정도	대부분 분해됨	약간 분해	그대로 있음
5	유효 미생물	유용 미생물	분해 미생물	혐기성 미생물
6	잡초 종자	사멸	반사멸	남아 있음
7	산도	중성~알칼리성	중산성	산성
8	유해가스 발생 정도	거의 없음	약간 발생	많이 발생
9	굼벵이, 지렁이의 생존 정도	다수 생존	일부 생존	생존 불량
10	작물에 대한 안전성	높음	보통	낮음
11	유해 물질 등의 분해 정도	대부분 분해	약간 분해	그대로 있음
12	냄새(악취)	흙 냄새	약간 남	많이 남
13	취급성/보관성	양호	보통	불량
14	생리활성물질	많음	보통	별로 없음
15	발효 기간	3개월 이상	1개월 이내	1주일 이내
16	양이온 교환용량(부식 함량)	높음	보통	낮음

(4) 퇴비의 발효 상태에 따른 장단점 요약

구분	퇴비의 발효 상태에 따른 장단점	주 사용처
완숙퇴비	① 완숙퇴비는 분해가 가능한 물질의 대부분이 분해되어 토양에서 분해 속도가 매우 늦다. 따라서 산소 소모가 적고 암모니아 등 가스가 거의 발생하지 않아 작물에 피해가 없다. ② 유해 물질과 유해 미생물이 거의 없고 방선균류 등 유용 미생물이 우점하여 토양의 미생물상을 개선할 수 있다. ③ 미숙이나 중숙퇴비보다 토양 미생물의 먹이가 적어 토양 미생물의 발생과 떼알구조로 만드는 능력이 조금 떨어진다. 그러나 리그닌이 많은 소재로 제조한 퇴비는 토양에서 토양 미생물의 집과 먹이가 되며 장기간(톱밥의 경우는 5년의 내구력) 분해되므로 그렇지 않다. ④ 완숙퇴비에는 부식 함량이 높기 때문에 보수력과 보비력 등 여러 기능에 따른 효과가 기대된다. ⑤ 유기재배에서는 완숙퇴비가 효과적이다.	① 하우스 시설 ② 연작지 ③ 유기재배지
미숙퇴비	① 미숙퇴비는 거의 분해되지 않았기 때문에 토양에서 분해 속도가 빠르다. 따라서 산소 소모가 매우 많고, 메탄과 메르캡탄, 황화수소, 암모니아 등이 발생해 뿌리가 질식할 우려가 있다. ② 탄질률이 낮을 경우 빠르게 질소가 공급되고, 높을 경우에는 질소 기아현상이 일어날 수 있다. ③ 토양미생물의 먹이가 풍부하여 급격히 증식해 pH가 변하고, 흙을 떼알구조로 바뀌도록 촉진하는 효과가 있다. ④ 토양과 미숙퇴비에 유해 미생물(병균)이 많을 경우 미생물상을 악화시킬 수 있다. ⑤ 유해 물질 및 유해 미생물이 함유된 원료가 혼입될 경우, 토양과 작물 및 사람과 가축에 해를 줄 수 있다.	① 개간지 ② 척박지
중숙퇴비	① 유해 물질과 유해 미생물이 없는 **유박이나 쌀겨 같은** 원료를 사용한 경우, 1차 발효에 의해 유용 미생물이 우점하고 분해 속도도 중간이다. 따라서 산소 부족 및 가스 발생의 우려가 적으며, 미생물의 먹이도 상당량 함유되어 있어 괜찮다.(간단한 혼합 발효유기질비료를 제조하는 방법으로 사용할 수 있다.) ② 유해 물질과 유해 미생물이 우점한 원료인 **하수처리 오니, 축분, 음식물찌꺼기, 산업폐기물 등**을 사용한 경우 유해 물질의 분해와 유해 미생물의 사멸에 필요한 기간과 온도 확보를 제대로 할 수 없다. 따라서 이런 원료를 사용할 때에는 최대한 완숙을 시켜야 한다.	

- 법적으로 유기농업에 사용하는 자재는 산업폐기물, 하수 오니, 음식물 찌꺼기를 함유한 퇴비를 사용할 수 없다. 특히 유기질원으로 MDF 합판이나 도료를 사용한 폐가구 등을 분쇄한 톱밥을 사용해서는 안 된다.
- 각종 원료별로 중금속과 염분은 퇴비공정규격에 기준이 설정되어 있으므로 기준에 적합하다면 가능하지만, 특히 다음의 것들은 주의해야 한다. (a)산업폐기물은 화학합성물질, (b)하수오니는 합성물질, (c)음식물 찌꺼기는 각종 세제와 전염성 병균, (d)축분은 항생제나 수의약품, 각종 병균(대장균과 살모넬라 등) 등이 문제 될 수 있다.

최근 들리는 소식에 따르면, 친환경농업이 각광을 받으면서 퇴비에 대한 정부의 많은 보조금과 아울러 판매 호조로 퇴비 제조업계에서는 제품의 품질보다 생산량을 늘리는 데에만 관심을 쏟고 있다고 한다. 물론 업계의 경제적인 측면을 생각할 때 이해되지 않는 것은 아니지만, 우리나라의 농토를 생각해서 좀 더 정성껏 제품을 만들기를 부탁한다. 또한 농민들도 퇴비에 대해 잘 알아보고 사용하기를 권한다.

요즘 농촌에서는 고령화로 일손이나 퇴비의 원료를 구하기 어렵다고 한다. 맞는 말이다. 하지만 거듭 강조하지만, 퇴비는 발효가 생명이다. 그런데 포대 퇴비를 구입해서 쌓아놓으면 손을 대지 못할 정도로 열이 나는 경우가 많다. 이는 그 퇴비가 아직도 발효하는 과정이라는 뜻이다. 다시 말해, 아직 미숙퇴비라 그대로 흙에 들어가면 반드시 후발효가 일어나 작물에 피해를 줄 수 있다는 뜻이다.

  농가에서 직접 퇴비를 만들 수 없다면, 시중에서 포대 퇴비(미숙퇴비)를 미리 구입해 포대를 뜯어 다시 발효시켜서라도 퇴비의 효과를 높여야 한다. 만약 이런 작업도 하기 어렵다면, 3~6개월 전에 미리 구입해 비가 들이치지 않는 장소에 포대 퇴비를 쌓아놓고 어른 손가락만 한 쇠막대로 각각의 포대에 양쪽으로 구멍을 4~6개씩 뚫어놓기를 권한다. 이렇게 통기가 되도록 하여 후숙시켜 사용하면 조금 나을 것이다. 이마저도 할 수 없으면, 시중에서 잘 발효된 균배양체 퇴비나 관련 미생물제를 구입해서 함께 뿌려주는 방법도 있다.

| 제3장 |

도시농업(가정원예)을 위한 각종 퇴비의 제조법과 사용법

제1장과 제2장에서는 소농小農이든 대농大農이든 전문 농사꾼이 알아야 할 내용을 다루었다. 이번 제3장에서는 요즘 전국적으로 성행하는 도시농업에 필요한 퇴비를 가정에서 직접 만들 수 있는 방법과 사용법을 이야기하고자 한다.

현재 도시농업에서 식물을 재배하는 데 사용하는 흙은 주로 시중에서 판매하는 상토(배양토)이다. 이 상토의 주원료는 외국에서 수입한 피트모스나 코코피트라고 불리는 유기물과, 무기물인 질석이나 펄라이트를 적당하게 섞은 뒤 화학비료를 더한 것이 대부분이다. 이러한 화학비료 덕에 약 1개월 미만에는 효과가 있지만 유익한 미생물의 활동은 기대하기가 힘들다. 이에 따라 발효퇴비에서 얻을 수 있는 수확물의 맛과 영양, 또는 흙속에서 일어나는 각종 미생물의 병충해 예방 효과 등을 기대할 수 없다.

이렇게 수입산 부산물이나 폐기물로 만든 흙에서 직접 작물을 길러 먹는다고 '무공해 농산물'이라며 좋아하는 분들이 있는데, 땅에 대해 너무 모르는 것 아닌가 하여 씁쓸한 기분이 들기도 한다. 그런 흙에서 생산한 농산물은 논밭에서 재배한 것보다 맛이나 영양면에서 떨어질 수밖에 없기 때문이다. 그래서 앞으로 도시농업에서는 가정에서 나오는 음식물 찌꺼기와 주변의 풀 및 화초의 잔재물 등으로 퇴비를 만든다든지 발효퇴비를 구입해서 제대로 땅심을 가꾸어주었으면 한다.

퇴비 만들기는 처음부터 끝까지 미생물들의 활동으로 이루어진다. 이 미생물도 인간과 마찬가지로 적당한 수분과 충분한 공기, 그리고 알맞은 양분이 있을 때 가장 왕성하게 활동한다. 더 상세히 말하면, 먹이와 수분, 온도, 산소, 산도(pH), 기간 등이 적당해야 한다. 퇴비를 만들 때 이러한 6대 조건을 갖추는 까닭은 궁극적으로 미생물이 잘 활동할 수 있도록 하기 위함이다. 좋은 퇴비란 질 좋은 재료에 좋은 미생물이 다량으로 번식한 것이다.

모든 유기물은 그대로 두면 결국 부패한다. 여기에 조금이라도 빨리 사람의 손을 가해 퇴비로 만들면 효과적으로 농사에 활용할 수 있다. 이것이 바로 유기물의 퇴비화 과정이다. 특히 요즘처럼 음식물 찌꺼기 처리가 큰 사회적 문제로 대두되는 현실에서, 각 가정이나 단체에서 음식물 찌꺼기를 퇴비로 재활용하면 그 처리에도 도움이 되고 땅심도 높일 수 있어 국익 차원에서 좋은 방법이다.

가정이나 음식점에서 음식을 조리할 때 나오는 각종 찌꺼기와 과일껍질, 차와 커피 찌꺼기, 잔반, 생선 내장, 비지 등 모든 썩는 물질은 유기질로서 퇴비로 만들 수 있다.

1. 음식물 찌꺼기로 퇴비 만들기

일반적으로 가정에 2~3평의 텃밭이나 정원수가 있다면 아주 쉽게 응용할 수 있는 방법이다.

①먼저 부엌에서 퇴비로 만들 수 있는 유기물을 분리한다.

②텃밭에서 넓이 40cm×60cm, 깊이 30~40cm의 구덩이를 판다.

③한쪽 가장자리에서부터 ①번의 유기물을 넣는다. 겨울철에는 덮지 않아도 괜찮지만, 늦은 봄부터 가을까지는 냄새와 파리가 발생할 수 있으니 위에다 흙을 2~3cm 덮는다.

④구덩이가 꽉 차면 흙을 5~10cm 정도 덮는다. 이때 미생물이 많은 잘 부숙된 퇴비와 흙을 혼합해서 사용한다. 처음이라 완숙퇴비가 없으면 시중에서 판매하는 퇴비 발효제를 구입해 사용한다. 독일에서는 음식물 찌꺼기 같은 생유기물은 땅에 파묻고 그 위에 완숙퇴비를 덮어 유기물을 환원시켜 악취의 발생을 막는다.

⑤약 1개월 정도 지나면 제법 쓸 만한 퇴비로 변하며, 30cm 정도 쌓은 찌꺼기더미가 흑갈색을 띠는 약간의 부식토로 바뀐다.

⑥이때 주의할 점은 배수가 좋지 않은 곳에서는 구덩이를 너무 깊이 파지 말고 약 20cm 정도 파야 한다. 그래야 부숙에 도움이 된다.

이 방법은 구덩이를 파서 유기물을 넣고 흙을 덮어 '냄새가 나는

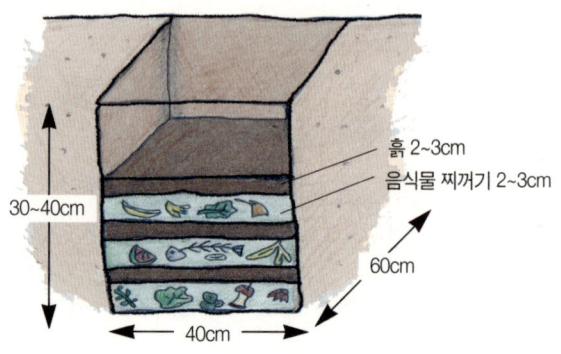

| 음식물 찌꺼기로 퇴비 만들기 |

곳에 뚜껑을 덮는 방식'이기도 하다. 이렇게 하면 흙속의 토양 미생물들이 음식물찌꺼기를 분해한다. 그리고 흙은 이러한 미생물들의 집이 될 뿐만 아니라, 활성탄처럼 악취를 흡수하는 능력을 발휘한다.

2. 부엽토 만들기

우리는 지금까지 화분에 꽃을 심거나 정원을 조성할 때 퇴비라는 말보다 부엽토라는 말을 더 자주 사용했다. 부엽토란 말 그대로 잎이 썩어서 만들어진 흙이란 뜻이다. 즉, 잎과 흙이 어우러져 미생물에 의해 썩어서 만들어진 흙이라고 할 수 있다.

가장 좋은 부엽토는 참나무(떡갈나무 잎이 최고)나 밤나무 등 활엽수의 낙엽이 부숙되어 엽맥(잎에서 뼈대처럼 보이는 것)이 남아 있는 것이다. 참나무가 많은 산에 땅을 파보면 잎은 분해되어 사라지고 엽맥만 남아 있

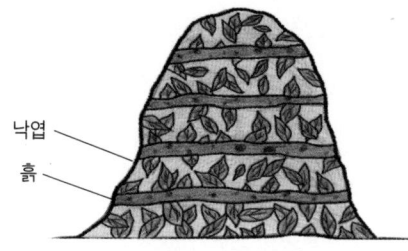

낙엽과 흙을 샌드위치처럼 쌓는다.

3개월 이상이면 혼합해서 섞어 1년 정도 그대로 둔다. 수분이 부족할 때는 보충해준다.

| 부엽토 만들기 |

는 것을 볼 수 있다. 그런 땅은 통기성도 좋고, 영양분도 풍부하다.

부엽토는 자연이 만든 최고급 퇴비라 할 수 있다. 30여 년 전만 해도 대량으로 부엽토를 만들거나 가져다가 파는 사람도 있었는데, 지금은 찾아볼 수 없다.

그런데 부엽토를 인공적으로 만드는 방법은 별로 어렵지 않다.

(1) 재래 방식

① 모아둔 낙엽을 한 번에 파쇄할 수 있으면 더 좋지만, 그렇지 않아도 상관은 없다. 먼저 낙엽을 15cm 정도로 쌓고 오염되지 않은 흙을 낙엽이 보이지 않을 정도(약 2~3cm)로 덮는다. 이렇게 흙과 낙

엽을 번갈아 쌓는데, 재료의 양에 따라 면적이 달라져도 높이는 1m가 넘지 않도록 한다. 이때 수분은 약 65% 정도가 되도록 한다.

②3~5개월이 지나서 낙엽과 흙이 골고루 섞이도록 월 1회씩 2~3번 뒤적인다. 이때 너무 건조하면 물을 약간 뿌리고 1년 이상 그대로 놔둔다. 그래도 파리나 구더기가 생기지 않는다.

③부엽토를 만들 때 비를 맞지 않도록 간단한 채양이나 지붕 등이 있으면 더욱 좋다. 또는 큰 통을 이용해도 좋다.

④지렁이가 보이기 시작한 뒤 1~2개월이 지나면 훌륭한 부엽토가 된다.

3. 가로수와 정원의 낙엽으로 퇴비 만들기

(2011년 경기도 도시농업네트워크 정기포럼(2011년 5월 3일)에서 '가로수 낙엽의 퇴비화 방안'이란 주제로 필자가 발표한 내용에서 발췌)

(1) 낙엽퇴비의 제조 방법

옛날부터 낙엽퇴비를 제조하는 방법으로는 (a)단지 수분만 첨가하여 퇴적하는 방법, (b)약간의 비료나 가축의 배설물을 첨가하여 발효하는 방법이 있다. 그러나 이런 방법으로 숙성시키려면 오랜 시간이 걸리고, 비료 성분의 손실도 많은 등의 결점이 있다. 그래서 현재는 속성퇴비의 원리를 이용해 원료인 낙엽에 질소 성분을 보충하여 호기적으로 발효시켜 단기간에 부숙시키는 방법을 사용한다.

퇴비는 퇴비사에서 퇴적하는 것이 바람직하지만, 옥외에서 퇴적할 경우 되도록 퇴비 성분이 유실되지 않도록 덮개로 덮어 비에 맞지 않도록 한다. 또한 주위에 배수구를 설치하여 너무 습하지 않도록 하고, 바람에 너무 마르지 않도록 주의한다.

퇴비는 발열 발효가 충분히 이루어져 균형 잡힌 성분을 갖춰야 하는데, 원료를 배합하는 기준을 살펴보면 다음과 같다.

낙엽은 탄소 42%, 질소 0.5%로 탄질률(C/N)은 84이다. 이를 퇴비가 잘되도록 탄질률을 40으로 조정하려면, 원료로 건조 낙엽 1,000kg, 물 1.5~2톤(수분 65~70%), 요소 12kg, 패화석48kg 정도를 사용한다.(단, 유기재배에는 요소 대신 질소 4kg에 상당하는 어분, 깻묵, 계분이나 유박, 쌀겨, 혈분 등을 사용해야 한다.)

① 가퇴적假堆積

마른 재료는 물을 흡수하기 어려우므로 가퇴적하기 하루 전에 원재료 1,000kg에 물 250~400*l*를 뿌려 적신다. 이때 낙엽은 분쇄기로 절단하거나 파쇄하면 더 좋다. 그렇게 하지 못하면 가퇴적장 근처에 50cm 정도 두께로 넓게 편 뒤에 석회수(물 1,300*l*에 패화석 20kg을 넣어서 만든다)를 골고루 뿌리고, 그 위에 남은 패화석을 뿌리며 밟아가면서 쌓아올린다. 가퇴적은 이후 이어지는 작업과 발효가 쉽게 진행되도록 돕는 것이기에 그다지 철저히 할 필요는 없다. 가퇴적은 그 형태와 크기에 제약이 없으며, 다 쌓은 뒤에 낡은 마대나 거적 등으로 덮어두어야 한다.

②본퇴적本堆積

가퇴적을 한 뒤 10~15일 정도 지나 본퇴적을 실시한다. 가퇴적을 했던 것을 잘 혼합하고, 손으로 꽉 쥐면 손가락 사이로 물이 스며 나올 정도인 65~70%까지 물을 첨가한다. 퇴적장에는 지름 10cm가량의 둥근 유공관을 사용하여 공기가 잘 통하도록 한다.

수분을 조절하여 잘 섞은 재료를 30cm 정도로 층층이 쌓고, 요소(또는 이에 상당하는 질소를 함유한 재료)를 골고루 뿌리면서 가로와 세로 각각 2m 정도의 크기로 쌓아올리며 밟는다. 패화석은 알칼리성이라 낙엽의 조직을 부드럽게 해주어 미생물이 쉽게 분해하도록 돕는 역할을 하고, 미량 원소의 공급원이기도 하다.

가퇴적에서 사용한 패화석이 원재료인 낙엽을 중성화시키므로 본퇴적을 할 때 질소를 더 첨가해도 질소가 거의 손실되지 않는다. 석회질소를 사용할 경우에는 패화석을 사용하지 않아도 된다. 또 질소원으로 수분이 많은 소변이나 인분을 사용할 때에는 그 양을 감안해 수분을 조절해야 한다. 이렇게 쌓아올린 뒤 가퇴적 때처럼 덮어둔다. 보통 5~8일 정도면 60°C 이상 발열하며 이 온도가 계속 유지된다.

③뒤집기

본퇴적을 하고 2~3주 정도 지나 온도가 떨어지기 시작하면 수분의 공급과 퇴비의 균질 및 완전한 부식을 위해 2~3회 뒤집기를 실시한다. 퇴비 무더기를 부수면서 수분을 점검하고 부족하면 보충한다. 바깥쪽에 있던 것이 안쪽으로 가도록 다시 쌓아올린다. 수분이나 퇴적 형태, 덮는 방식은 본퇴적 때와 똑같이 한다. 이러한 방법으로 퇴비가 숙성하는 데 걸리는 기간은 재료의 종류와 기후, 관리법, 사용처 등에 따라 다르지만, 실내에서 하면 10주 정도면 사용할 수 있다. 또한 빨리 퇴비로 만들기 위해 쌀겨나 전분 찌꺼기 등을 첨가하거나 생풀 등을 섞는 방법도 있다. 잘 숙성된 낙엽퇴비는 암갈색을 띠고 악취가 나지 않으며, 부드러워 손으로 쉽게 찢을 수 있다. 또한 유해한 병원균과 해충이 발열로 사멸되어 다루기도 편하다.

④ 퇴비의 보관

퇴비를 보관할 때에는 빗물이 닿지 않도록 한다. 완성된 퇴비의 무게는 원재료의 1.5~2배, 부피는 1/3~2/3배가 된다. 활엽수(밤나무, 참나무, 오리나무 등)의 낙엽은 비교적 분해가 쉬우므로 옛날 산촌의 농가에서는 중요한 퇴비의 재료였다. 여기에 질소분을 보충하여 비에 젖지 않도록 퇴적하고 충분히 부숙시키면 볏짚퇴비에 뒤지지 않는 효과를 나타낸다.

(2) 낙엽과 폐재를 혼합하여 퇴비 만드는 법

폐재와 낙엽, 그리고 음식물 찌꺼기 30% 미만(염분 문제로 사용량 제한)을 사용하여 퇴비로 만들 수 있다.

| 사례 1 | 우에무라 세이지植村誠次

- 폐재 1,000kg에 낙엽 170kg, 요소 6kg, 수분 60~65%로 조절.
- 시판하는 발효 촉진제를 사용. 폐재(수분 30~35%의 상태) 1톤으로 퇴비 1.8~2톤 정도 생산.

|사례 2| (사)흙살림
- 폐재, 낙엽, 볏짚 등 탄소질 유기물 1,000kg+쌀겨 300kg+발효 미생물 2kg+당밀1~10kg을 혼합하여 발효시킨다. 3개월 이상 발효하고 3회 이상 뒤집기 작업을 한다.

4. 가정에서 퇴비 만들기(흙살림 자료 참조)

(1) 퇴비 만들기

①도시 텃밭의 퇴비 원료

　과일껍질과 다듬고 남은 식재료(각종 채소류의 잔여물 등 마른 재료), 음식물 쓰레기(절임류 제외), 쌀겨, 낙엽, 마른풀, 깻묵 등을 준비한다.

②재료

1) 과일껍질과 남은 식재료, 낙엽, 마른풀 10kg

2) 깻묵 또는 쌀겨 10kg

3) 퇴비 발효제 1kg

4) 당밀(또는 같은 양의 흑설탕) 400ml

5) 물 4l

③제조 방법

- 1), 2), 3)을 골고루 섞는다(이때 수분이 65% 정도로).
- 당밀과 물을 혼합한 뒤 퇴비의 원료와 다시 섞는다.
- 발효 용기에 담고 온도계를 꽂은 뒤 뚜껑을 덮는다.

- 일주일 간격으로 뒤집는다. 최소 3개월 발효시킨다.

④ 제조할 때 주의사항

- 수분이 지나치게 많은 음식물(찌개, 국물)은 수분을 제거한 뒤에 넣는다.
- 상한 과일은 되도록 여러 조각으로 썰어서 넣는다.
- 식초 냄새가 나면 수분이 지나치게 많은 것이므로 마른 낙엽이나 건초 등을 더 넣는다.
- 수분이 부족할 경우 발효가 더딜 수 있으므로 육즙이 많은 상한 과일을 여러 조각으로 썰어서 넣거나, 물과 당밀(또는 설탕을 녹인 물)을 10:1로 혼합하여 1리터 정도 더 넣는다.

⑤ 발효 온도와 종료 확인

- 발효 온도는 계절에 따라 차이가 있다. 추운 겨울에는 발효가 거

| 퇴비 만들기의 준비물 |

| 각종 원료 넣기 |

| 마지막으로 온도계를 꽂고 뚜껑 덮기 |

의 안 될 수도 있고, 여름철에는 외부 온도(20°C 이상)에 따라 발효 온도가 약 50~60°C까지 올라갈 수 있다. 손으로 만졌을 때 더 이상 온도가 느껴지지 않거나, 온도계의 눈금이 외부 온도와 같으면 발효가 끝났다고 판단한다.

⑥ 퇴비 사용량

- 엽채류(쌈채소) : 3.3m²(1평)당 2~3kg
- 근채류 : 3.3m²(1평)당 3~4kg
- 과채류 : 3.3m²(1평)당 4~5kg

⑵ 흙 만들기 실례 1

- 척박한 토양, 모래땅: 퇴비 10~20kg/1평당
- 비옥한 토양: 퇴비 5~10kg/1평당
- 퇴비 살포 두께: 1~2cm
- 혼합하는 흙두께: 약 15~20cm까지 혼합
- 퇴비 넣는 시기: 해빙기 이후 ~심기 14일 전

⑶ 흙 만들기 실례 2

① 화분용 흙 만들기

- (흙 75 : 퇴비 25) : 혼합발효 유기질 2%
- 흙 3 : 지렁이분 1

② 가벼운 흙

- 원예용 상토 1 : 흙 1 : 퇴비 1
- (흙 50 : 퇴비 50) : 왕겨 10
- 화분용 흙의 재활용: 흙 1~5리터당 퇴비 1kg을 혼합하여 다시 사용할 수 있다.

제3부
부산물비료 중 퇴비와 유박의 차이

여기에서는 친환경농업의 기본인 땅심을 높이는 데 가장 중요한 자재인 부산물비료 가운데 퇴비와 유박의 용도를 정확히 모르는 농민들을 위해서 이에 관해 이야기하고자 한다. 흔히 유박을 시용한 것으로 퇴비를 주었다고 생각하는데, 이는 매우 잘못된 상식이다. 퇴비는 원료와 발효에 따라서 땅심을 높이는 것과 화학비료처럼 양분을 공급하는 것으로 구분한다.

1. 비료의 종류

현행 비료관리법(2012. 07. 03)에 따라 한국의 모든 비료는 보통비료와 부산물비료로 구분한다. 각각에 속하는 비료의 종류는 제2부 '퇴비의 종류와 사용 원료'를 참고하기 바란다. 2012년 7월 비료관리법이 개정되기 이전에는 퇴비는 부산물비료로, 유박은 보통비료로 분류되었다. 그러나 이번 개정에서는 똑같은 유기질이라는 점에서 부산물비료로 함께 묶였다.

2. 부산물비료의 종류

비료관리법에 개정·고시된 부산물비료의 종류는 ①부숙유기질비료 ②유기질비료 ③미생물비료로 나뉜다. 이 가운데 부숙유기질비료의 대표인 퇴비와 유기질비료의 대표인 유박은 확연히 구별된다. 하지만 실제로 둘 다 주성분이 유기질이라는 공통점 때문에 많은 사람들이 혼동하고 있다. 유기물의 정의를 보면, "생물체를 구성하는 물질 중에서 기본적으로 탄소를 포함해 수소, 산소, 질소 성분으로 구성되어 썩어서 분해가 되고, 태울 때 연기가 나며 재가 남는 물질을 말한다"고 한다. 그러므로 퇴비와 유박은 둘 다 성분 측면에서는 똑같은 유기질이지만, 몇 가지 차이점이 있다.

첫째, 제조 공정이 다르다.

유박은 발효 공정이 없다. 현재 시중에 유통되는 펠릿 상태의 유박 제품은 기름을 짠 뒤 발효시키지 않고 사용하기 좋게 압착시킨 것으로, 생유박이다. 색깔이 검어 발효된 것이 아닌가 하고 착각하기도 하는데, 그렇지 않다.

퇴비의 경우 수분이 많은 원료와 건조한 원료 등 여러 가지를 혼합해 발효 과정을 거쳐야 하므로, 제품의 비료 성분 함량을 표기하기 어렵다. 그래서 적당한 수분 함량과 사용 원료, 유해 성분 함량, 유기물 대 질소의 비율, 부숙도 측정 정도를 공정규격으로 정해놓았다.

가끔 퇴비의 수분 함량 기준에 대해 토론이 벌어지기도 하는데, 잘 발효된 퇴비라 할지라도 수분 함량이 30% 미만일 때에는 미생물의 활동이 중단되므로 좋은 퇴비라고 할 수 없다. 특히 퇴비를 제조할 때 톱밥을 유기질원으로 사용하는 요즘 현실에서는 더욱 그러하다. 수분 30% 미만의 제품을 농토에 뿌렸을 경우, 상당 기간 수분 흡수에 문제가 생긴다. 이때 분해가 어려워 흙의 물리성을 개선한다거나 퇴비의 미생물이 작물의 생육에 도움이 되기를 기대할 수 없다. 최근 퇴비라는 이름으로 발효 과정도 거치지 않고 생유기물을 펠릿으로 만들어 시판하는데, 이는 공정이 잘못 되었고 효과도 의심스럽다.

둘째, 유박의 용도를 살펴보면 퇴비의 용도와 별 차이가 없다.

유박은 퇴비에 비해 냄새가 적고 사용하기도 편하며, 퇴비에 비해 수분이 적고 비료 성분이 높아 속효성이라는 장점이 있다. 단점으로는 생유박은 토양에서 반드시 발효가 일어나므로 많이 사용하면 작물에 피해를 주고 가격도 비싸며, 발효 과정을 거치지 않아 유익한 미생물도 없다는 것이다. 또한 땅심(지력)을 높이는 리그닌(목질)이 없기 때문에 토양 유기물(부식)이 생기지 않으므로 화학비료처럼 작물의 성장에는 도움을 주지만, 아무리 많이 주어도 땅심을 살리는 데는 별 도움이 되지 않는다. 실제로 어떤 농민은 매년 퇴비 대신 유박을 많이 넣었는데도 토양을 분석해보면 토양 유기물 함량이 오르지 않았다고 한다. 유박은 약 3개월 정도면 분해되어 사라진다.

충분히 발효된 퇴비 제품은 토양에서 나쁜 미생물들을 잡아먹는 유익한 천적 미생물이 많다. 또 유기질원으로 톱밥이나 왕겨를 사용하면 토양에 장기간 남아 지속적으로 토양 유기물의 역할을 하며 땅심을 높인다. 따라서 농토를 살리는 데는 완숙퇴비를 많이 주는 것이 가장 빠르고 좋은 방법이다. 더불어 유박에 비해 가격도 저렴하고, 식품가공 부산물을 포함한 축분 등을 재활용하는 측면에서 친환경적이기도 하다.

반면, 미숙퇴비의 경우 토양에서 후발효가 일어나면서 생기는 피해와 각종 병해충의 발생 등으로 농사를 망치기도 한다. 이는 퇴비업계가 책임지고 해결해야 할 고질적인 문제이다.

셋째, 국내 유기질비료 제조회사에서 사용하는 유박의 원료는 주로 식품과 섬유 공장의 부산물이다. 그 대부분은 외국에서 수입한다.

유기질 원료를 수입할 때는 반드시 검역 과정을 거치므로 농약으로부터 100% 자유롭다고 할 수 없다. 그리고 컨테이너를 하나하나 검역하지 않기에, 설사 통관이 되었더라도 각종 외래 병해충이 유입될 수 있다. 모든 유기물은 수분을 포함한 적당한 조건만 주어지면 병해충이 생길 수 있기 때문이다. 최근 한국에서 문제되는 외래 병해충은 이런 경로로 들어온 것이 아닌가 한다. 그러나 퇴비로 사용하는 원료는 대부분 국산 부산물이며, 고온으로 발효시키는 과정을 거치기에 이런 문제가 거의 없다.

3. 퇴비에 생유기물을 사용할 때의 주의사항

일본으로 퇴비를 수출하던 1998년, 야마구치 현의 시설 하우스 딸기밭에서 확인한 바로는 잘 발효된 퇴비와 생왕겨를 50:50으로 사용했을 때에는 전혀 문제가 없었는데, 미숙퇴비와 생왕겨를 사용했을 때에는 부작용이 많아 큰 피해를 보았다. 그렇다면 유박은 어떨까? 유박은 발효를 거치지 않기에 이와 같은 여러 문제가 나타날 수밖에 없다.

우리의 전통식품인 김치를 분석해보면, 생김치 1ml(cc)에는 유익한 균이 1만 마리 정도인데, 잘 익으면 3,000여 종의 유익한 균이 무려 6,300만에서 1억 마리까지 있다고 한다. 이런 예를 보더라도 미생물이 식품이나 퇴비의 발효에 미치는 영향이 엄청나다고 할 수 있다. 그러나 현실에서는 퇴비를 선택할 때 품질보다 값싼 것을 선호한다. 이는 친환경농업을 위해서라도 하루빨리 개선해야 할 과제이다.

4. 토양에 사용하는 유기질원은 반드시 발효된 제품으로

최근 토양에 유박이나 쌀겨 등을 발효도 시키지 않고 그대로 사용하는 경우가 많은데, 이는 잘못된 일이다. 발효되지 않은 유기질은 반드시 토양에서 분해되면서 유해 가스를 발생시켜, 작물 뿌리의 발달을 방해하고 유효 미생물에도 타격을 입히며 토양도 산성으로 만든다. 또한 그 과정에서 작물에 필요한 산소를 미생물이 빼앗아 작물에 피해를 입힌다.

생유박을 농토에 뿌리면 흰곰팡이, 회색곰팡이, 검은곰팡이, 붉은곰팡이 등 여러 곰팡이가 생긴다. 모두 좋은 곰팡이라면 문제가 없지만, 나쁜 곰팡이가 이 유박을 먹이로 하여 더 많이 생긴다면 결국 병균에게 먹이를 준 셈이다. 이런 농토에는 더 빈번하게 병이 생길 수밖에 없다.

친환경농업을 하는 논에서는 잡초 발생을 억제하려고 모내기 이후 쌀겨를 사용한다(일명 쌀겨농법). 쌀겨를 투여하는 방법에 따라, 갑자기 미생물이 다량으로 번식하면 표토에서 일시적으로 산소 결핍 상태가 나타나고, 또한 쌀겨(유기물)가 분해되면서 유기산이 발생하여 잡초를 억제한다. 벼농사에서는 쌀겨를 표토에 뿌려주므로 별 문제가 없으나, 밭의 경우에는 밑거름으로 들어가서 피해가 발생한다. 이는 농사짓는 분이라면 모두 알 것이다.

그러므로 땅심을 높이고 농작물에 속효성으로 영양을 공급하려면 발효 유박과 리그닌 함량이 많은 잘 발효된 퇴비를 함께 사용하는 것이 좋다. 땅심을 유지하거나 높이려면 잘 발효된 질 좋은 퇴비를 사용하고, 이와 함께 속효성인 유박을 약간 발효시켜 적당량을 사용하면 수량과 품질이 더욱 좋아질 것이다.

5. 혼합발효 유기질비료란 무엇인가?

혼합발효 유기질비료(일본에서는 '보카시ボカシ'라고 한다)란 오염되지 않은 쌀겨·유박·어박·골분 등에 당밀과 미생물을 섞어서 발효시킨 것

을 말한다. 주로 분해되기 쉬운 탄질률이 낮은 재료를 사용한다.

(1) 혼합발효 유기질비료를 만드는 이유

유기물을 생으로 사용하면 이를 먹이로 삼아 다량의 미생물이 발생하는데, 이때 병원성 미생물이 증가해 피해를 입을 가능성이 있다. 이를 피하고자 두 가지 방법을 사용할 수 있다. 첫 번째는 토양에 시용하기 전에 미리 유기물에 함유된 수용성 당분이나 질소분이 없어질 때까지 분해시키는 것이고, 두 번째는 유익한 미생물을 유기물에 흡착시키는 것이다. 전자가 퇴비이고, 후자는 혼합발효 유기질비료이다.

(2) 퇴비와 혼합발효 유기질비료의 비교

① 원료가 다르다.

- 퇴비는 산야초나 낙엽·왕겨·볏짚·톱밥·고춧대·콩대·톱밥·왕겨 등이 들어간 우분이나 돈분 등 비교적 탄질률이 높거나, 분해가 힘든 리그닌이나 셀룰로오스가 많이 함유되어 장기간 분해시켜야 한다. 또 병원성 미생물이나 기생충, 잡초 종자가 많이 혼입될 가능성이 높다. 따라서 이런 문제를 해결하기 위해 퇴비의 발효온도를 70°C 이상으로 올려 사멸시킨다.

- 혼합발효 유기질비료는 쌀겨·유박·어분·골분 등 탄질률이 낮은 원료를 사용하므로 토양에서 3개월 안에 거의 분해되어 남지 않는다. 따라서 부식(토양 유기물)의 축적이나 생성에는 거의 효과가 없는 것이 퇴비와 다른 점이다. 그래서 혼합발효 유기질

비료만 계속 사용하면 토양이 척박해지는 것을 막을 수 없다.
- 이에 따라 퇴비는 토양 부식을 높여 땅심을 개선하는 데에, 혼합 발효 유기질비료는 양분을 공급하는 데에 그 목적이 있다.

②퇴비와 혼합발효 유기질비료의 비교

구분	퇴비	혼합발효 유기질비료	
		호기성 발효	혐기성 발효
원료	풀, 볏짚, 왕겨, 축분, 톱밥, 낙엽 등	쌀겨를 중심으로 유박, 어분, 골분 등	쌀겨를 중심으로 유박, 어분, 골분 등
발효 방법	호기성(뒤집기)	호기성(뒤집기)	혐기성(밀폐)
발효 온도	60~80℃	50℃ 이하	25~30℃(상온)
발효 기간	2~3개월 이상	7~10일 정도	2~3주
완성 이후 탄질률	20~30 전후	10 전후	10 전후
분해 속도	지효성	속효성	다소 지효성
토양 부식의 생성	많음	적음	적음

- 혼합발효 유기질비료를 호기성 발효를 시키면 사상균이나 방선균 등 호기성 균이 우점優占하기 쉽고, 혐기성 발효를 시키면 유산균 등 혐기성 균이 우점하기 쉽다. 혼합발효 유기질비료의 발효 적산온도積算溫度는 약 600°C이다.

⑶ 혼합발효 유기질비료의 제조 방법

재료	중량	비고
쌀겨	70kg	
유박	20kg	
어분	10kg	골분도 가능함
미생물	300g(cc)	발효미생물제
당밀	300cc(g)	황설탕도 가능함
물(생수)	10~15리터	

① 쌀겨, 유박, 어분 등의 재료와 미생물을 잘 섞는다. 이때 3가지 재료 외에 질소와 철분이 많은 혈분이나 보비력이 높은 제올라이트, 또는 미량 원소를 공급하는 광물질 등 필요한 여러 재료를 더해도 좋다. 그러나 쌀겨나 유박만으로도 가능하다.

② 당밀을 물(생수)에 희석한다.

③ ①에 ②를 물뿌리개나 분무기로 뿌려 전체 수분이 30~40%가 되도록 한다. 수분이 많으면 굼벵이가 생기고 품질이 좋지 않다.

혼합발효 유기질비료의 성분 분석

구분	pH	EC	암모니아태 질소 (mg/100g)	초산태 질소 (mg/100g)	유효인산 (mg/100g)	전탄소 (%)	전질소 (%)	탄질률 (C/N)
평균	5.5	4.9	100.7	8.5	99.3	44.5	4.5	10.3
표준편차	0.76	1.38	60.76	7.55	154.8	2.69	0.61	2.29

(3) 혼합발효 유기질비료의 작물별 시비량(300평당)

① 과수

> 450kg을 봄(4월 무렵) 150kg, 여름 150kg, 가을(얼기 전) 150kg씩 나누어 토양 표면에 살포한 뒤 로터리를 치거나 유기물을 피복하고서 물을 댄다.

② 채소류

> ① 밑거름으로 100~150kg 사용(땅심이 낮으면 퇴비 2톤과 함께)
> ② 모내기하고 잡초에 대한 대책으로 50~80kg 살포
> ③ 7월 중순경 웃거름으로 50~80kg 살포

③ 수도작

노지	밑거름으로 300~600kg을 표면에 살포하고 경운한 뒤 15~30일 지나 작물을 정식한다.
하우스	① 밑거름으로 300~450kg 정도 뿌린 다음 로터리를 치고 비닐을 덮은 뒤 15~30일 지나 작물을 정식한다. ② 웃거름으로 작물과 작물 사이에 골고루 150kg씩 3~4회 준다.

④ 유기재배할 때 흙살림 균 배양체의 사용량의 예

> ① 엽채류: 평당 1~2kg
> ② 과채류: 평당 3~5kg
> ③ 배추 등 다비성 작물: 평당 3~5kg
> ④ 수도작: 일반 퇴비와 함께 밑거름 300kg, 웃거름(이삭거름) 300kg

| 발효퇴비 펠릿과 생유박의 생육 차이(40일 동안 물만 공급) |

1. 같은 크기의 호접란
2. 동일하게 펠릿을 시비하면 생육에 차이가 없음
3. 왼쪽은 펠릿을 주지 않고 오른쪽은 펠릿을 준 것
4. 왼쪽은 펠릿을 주고 오른쪽은 같은 량의 생유박을 준 것

제4부
녹비작물의 활용

1. 녹비작물이란?

녹비작물이란 일종의 비료식물로서, 작물에 필요한 영양분을 토양에 공급할 목적으로 작물을 재배하기 전이나 재배할 때 심어서 이용하는 식물을 말한다. 녹비작물은 일반적으로 양분 함량이 많은 개화기에 그대로 토양에 갈아 넣어서 이용하며, 또는 사이짓기나 섞어짓기의 형태로 재배하면서 발생하는 뿌리의 분비물을 작물의 재배에 이용하기도 한다.

  토양에 갈아 넣은 녹비는 분해되어 작물에 흡수되는데, 이때 덜 분해된 유기물이 토양에 남아 땅심(지력)을 높여주면서 생태계를 이롭게 한다. 그러므로 녹비는 부숙 과정을 거쳐 이용하는 퇴비와 구별되며, 농작물에 양분만 공급하고 토양 유기물의 분해를 촉진시키는 화학비료와는 특성이 크게 다르다. 이렇듯 겨울철 녹비와 여름철 녹비를 연중 재배하면 매년 토양의 유기물 함량을 0.12% 정도씩 높일 수 있다.

2. 녹비작물의 종류

(1) 콩과 녹비작물 : 헤어리베치(털갈퀴덩굴), 자운영, 크림슨 클로버, 살갈퀴 등
(2) 벼과 녹비작물 : 녹비보리, 호밀, 들묵새, 수단그라스, 트리티케일 등
(3) 야생 녹비작물 : 갈대, 갈퀴나물, 망초, 명아주, 쑥, 자귀풀, 자주황기 등
(4) 기타 녹비자원 : 메밀, 해바라기, 유채, 파셀리아, 코스모스 등

3. 녹비작물의 작용

(1) 토양의 건전성을 회복하고 건강하게 만든다.
(2) 작물의 생산성이 증대되며 지속적으로 유지할 수 있다.
(3) 화학비료의 절감, 잡초 억제, 병해충 예방, 자체 종자 공급 등 여러 가지 효과를 얻을 수 있다.

최근 일본의 기무라 아키노리 씨의 자연농법이 NHK와 KBS에 소개

콩과와 벼과 녹비작물의 차이

콩과 녹비작물	벼과 녹비작물
• 생육 중에 질소 성분 자급(질소 고정) • 토양의 유기물 함량 증대에 기여 • 탄질률이 20 이하로 분해가 쉬움 (속효성 효과를 보임) → 후작물의 초기 생육에 좋음 • 유기물 함량은 높으나 양분이 적은 토양에서 이용도가 높음	• 토양의 질산태질소 유실을 억제 • 탄질률이 높아 토양의 물리성 개선 및 양분 보유력 증대에 기여 • 타감물질 분비로 토양 병해충 및 잡초를 경감하는 효과 • 유기물 함량이 적어 지력이 낮은 사질 토양 등에서 이용도가 높음

되고, 책도 출판되면서 안전한 먹을거리를 바라는 소비자와 기존 농민 및 귀농·귀촌을 꿈꾸는 분들에게 많은 관심을 끌고 있다. 필자도 그의 『자연재배』라는 책을 흥미롭게 읽으며 그분의 삶과 철학을 알게 되었다. 생활에 여유가 있고, 땅심을 키우는 기간이 오래 걸려도 괜찮다면 작은 면적에서 한번 시도할 만한 가치가 있는 철학이 담긴 농법이라고 생각했다. 그런데 비료와 농약 및 퇴비를 사용하지 않고 8~9년이 되어야 결실을 얻는다는 이야기는 1년 농사에 실패해도 먹고살기 힘든 우리의 현실과는 거리가 있다는 생각이 들었다.

벼농사의 경우 300평당 처음에는 240kg을 수확했으나 이듬해에는 360kg, 그리고 그 다음해에는 420kg, 540kg으로 수확량이 늘었다고 한다. 농약과 비료를 사용하는 일본의 관행농업 수확량인 600kg과 비교해 차이가 많이 줄었다는 것이다. 여기서 주목해야 할 사실은, 이 농법에서도 대두(콩)나 헤어리베치 등의 콩과 녹비작물을 심어 근류균(뿌리혹박테리아)으로 땅을 비옥하게 하고, 매년 볏짚도 논에 되돌려준다는 점이다.

한국의 벼농사에서도 퇴비와 녹비작물의 재배 및 볏짚의 투입으로 토양의 유기물 함량을 적정선까지 올리면, 관행농업에서 300평당 평균 500kg을 생산하는 것보다 훨씬 많은 600kg 이상을 수확할 수 있다는 것이 유기재배 농가들의 경험담이다. 그렇다면 이런 방법이 가능한 이유는 무엇일까? 필자는 그 해답이 땅심에 있다고 말하고 싶다. 먼저 흙 속에서 오래 지속되는 퇴비를 만들어 넣어 적정량의 토양 유기물을 확보하고, 매년 볏짚과 녹비작물을 심어 장기간 조금씩 땅심을 높이는 방법을 택하면 가능하다.

4. 작부체계별 녹비작물의 이용 효과

(1) 농산부산물을 유기적으로 환원하여 농업환경을 보전하고 농경지의 활용도도 높일 수 있다. 녹비작물에 대한 관심이 커지면서 매년 재배면적이 증가하는 추세이다. 토양 유실의 방지라는 측면에서 헤어리베치는 96%, 클로버는 94%의 효과가 있다고 한다.
(2) 축산농가와 연계해 조사료의 수입을 대체하는 효과를 얻을 수 있다.
(3) 녹비작물의 재배로 화학비료의 사용을 절감하여 친환경농산물을 생산할 수 있다.

(4) 자연경관을 조성하는 등 공익적 기능이 확대된다.

(5) 맥류 3,000평을 재배하면 탄수화물 9.6톤이 생산되고, 산소 10.2톤을 배출하는 효과가 있다.

5. 주요 녹비작물이 비료를 대체하는 효과

(단위 kg/ha)

녹비작물	질소	인산	칼륨
헤어리베치	79~228	16~57	56~171
자운영	36~78	5~31	23~35

| 헤어리베치 |

| 자운영 |

| 녹비작물 혼합 |

6. 주요 녹비작물의 재배 및 벼농사에 이용하는 기술

(1) 헤어리베치(hairy vetch)의 재배 및 이용 기술

① 헤어리베치의 특성

- 나비나물속(vicia)에 속하는 두해살이의 콩과 녹비작물로 자운영보다 내한성耐寒性이 강해 전국에서 재배할 수 있다.
- 적합한 토양은 배수가 잘되는 사양질, 미사사양질 및 미사식양질이다.
- 키는 논에서 벼 다음에 재배하면 70~150cm, 밭에서 재배할 때 100~200cm이고, 줄기에 세로줄의 털이 있어 털갈퀴덩굴이라 부른다.
- 7쌍 내외의 작은 잎이 어긋나게 달리고, 끝의 작은 잎은 갈라진 덩굴손 모양이다.
- 꽃은 주로 보라색이며 20~30개의 총상화로서 약 한 달쯤 개화한다. 헤어리베치는 양분을 공급하는 효과도 크지만 꽃이 아름다워 경관 및 밀원蜜源 겸용 작물로도 좋다.

② 헤어리베치의 재배 기술

- 파종시기는 9~10월 상순(중·북부 9월 하순)이 좋다.
- 파종량은 300평에 6~9kg 정도이다.
- 파종하는 방법은 벼를 수확하기 10일 전, 손이나 동력살분기를 이용한다. 콤바인으로 벼를 수확할 때 볏짚을 잘라서 덮는다. 벼

를 수확한 다음 직파기 또는 로터리 등을 이용하여 줄뿌림이나 흩뿌림을 하며, 이때는 종자가 토양에 덮여 겨울을 나기 쉽다.

- 토양 및 시비관리

광범위한 토양 산도(pH 4.9~8.2)에서도 생육할 수 있고, 모래가 많은 사토나 사양토에서 잘 자란다. 배수가 좋지 않은 논에서 재배할 때는 배수로 정비를 철저히 하고, 땅심이 낮은 곳에는 인산, 칼륨, 황을 뿌려주면 좋다.

③ 헤어리베치를 이용한 벼 재배 기술

- 헤어리베치를 토양에 환원하는 시기는 모내기 2주 전(5월 15~25일)으로, 헤어리베치의 생초량이 300평에 1,500~2,000kg일 때가 가장 좋다.
- 벼의 품종은 조생종, 중생종 가운데 밥맛이 좋고 잘 쓰러지지 않는 품종이 좋다.
- 시비관리는 300평당 생초 2,000kg 정도를 토양에 환원하면 질소비료를 완전히 대체(질소비료 없이 재배)할 수 있다. 그러나 벼의 생육 상태에 따라 웃거름을 조절해야 하고, 땅심의 정도에 따라 인산을 보충한다.(생초 2,000kg이 함유한 비료량은 질소10~14kg, 인산 4~8kg, 칼륨 8~16kg이다.)

헤어리베치 생초 투입량에 따른 쌀 수확량(kg/300평)

구분	관행	1,500kg	2,000kg	2,500kg
쌀 수확량	547	569	580	536
수량 지수	100	104	106	98

* 300평당 2,000kg 이상을 투입하면 벼가 잘 쓰러지고 쌀의 질이 떨어지며 병해충 발생이 증가한다.

④ 헤어리베치를 이용한 벼 재배의 개선 및 주의사항
- 작부체계로 볼 때 조숙성 벼 품종의 선발 및 개발이 필요하다.
- 헤어리베치는 내습성이 약해 논에 재배할 때 안전성이 떨어진다.
- 병해충 발생에 대한 연구가 미흡하다.
- 헤어리베치의 생육이 왕성할 경우 빨리 토양에 환원해야 한다.

⑤ 헤어리베치의 종자 생산
- 논의 작부체계에 따라 헤어리베치의 종자를 생산하기 힘들다.
- 포복성(匍匐性, 줄기의 지지 기능이 발달하지 않아 지표 위를 옆으로 기는 성질)이라 논의 생산조정지나 밭에서 지지식물인 호밀, 밀, 트리티케일, 유채(남부 지방) 등과 섞어서 심으면 채종하기 쉽다.
- 헤어리베치는 꽃이 핀 뒤 30일 정도 지나면 범용 콤바인을 이용하여 종자를 수확할 수 있고, 이후 나선형 경사이용 선별분리기를 이용하여 맥류의 종자와 분리할 수 있다.

⑵ 자운영 재배 및 이용 기술

① 자운영의 특성
- 자운영은 두해살이의 콩과식물로, 겨울철 평균 최저기온이 영하 5°C 이상인 지역(대전광역시 이남)에서만 재배할 수 있다.
- 적절한 토양은 배수가 잘되는 사양질이다.
- 키는 40~130cm 정도이다.
- 잎의 길이는 10~20cm이고, 꽃자루 끝에 여러 개가 모여 달리며, 각각의 꽃은 홍자색(길이1.2cm가량의 나비 모양)이다.

② 자운영의 재배 기술
- 파종 적기 및 파종량은 9월 20~25일 무렵이며 300평당 3~6kg이다.
- 파종은 물을 떼기 전 물깊이가 0.5~1.0cm일 때나, 물을 뗀 뒤 포화수분 상태일 때가 좋다.
- 파종하는 방법은 벼를 수확하기 전에 손이나 동력살분기를 이용한다.
- 장기간 비가 내릴 때를 대비하여 배수로를 설치해야 한다.
- 월동 대책으로 콤바인으로 벼를 수확할 때 볏짚을 잘라서 피복하면 좋다.(월동률은 볏짚 무피복 53%, 피복 72%이다.)

③ 자운영을 이용한 벼 재배 기술
- 자운영을 토양에 환원하는 시기는 5월 25일(결실기)~6월 5일

무렵이 좋다. 이때 자운영의 부숙을 촉진하려면 환원하기 전 개화기에 석회를 300평당 100kg 살포한다.
- 벼 품종의 선택은 해당 지역의 장려품종 가운데 내도복성(耐倒伏性, 쓰러짐에 강하고 이겨내는 성질)이 큰 것을 선택한다.
- 시비 관리는 300평당 생초 2.0~2.5톤을 토양에 환원하면 질소비료를 완전히 대체할 수 있고, 벼의 생육 상태에 따라 웃거름을 보충한다. 땅심에 따라 인산과 칼륨도 보충한다.

자운영 생초량에 따른 질소 시비량(톤/300평)

구분	생초량(톤/300평)			
	2.0~2.5	1.5~2.0	1.0~1.5	1.0 이하
밑거름(kg)	0	0	2~3	4~5
가지거름(kg)	0	2	2.5	2.5

출처: 영농연 자료, 2007년

자운영 투입 시기별 주요 양분의 함량

생육 시기	질소(%)	인산(%)	칼륨(%)
개화 초기	2.7	0.58	2.06
개화 성기	2.4	0.43	1.56
결실기	2.0	0.31	0.90

출처: 호농연 자료, 2007~2010년

④자운영을 이용할 때 보완할 점
- 내한성이 약해 대전광역시 이북이나 산간지 등에서는 재배하기 어렵다.
- 녹비의 생산성이 다소 낮고, 월동 환경에 따라 변이가 크다.
- 자연파종 종자(self-reseeding)는 다음해에는 발아하여 잘 자라지 못한다.
- 알팔파바구미 등 해충 문제에 대한 친환경 방제기술이 아직 개발되지 않았다.

(3) 보리를 이용한 친환경 잡초 관리
①잡초 방제의 원리

 벼와 보리를 4월 상순에서 5월 상순 사이에 함께 파종하면, 벼가 논의 표면을 덮기 전에 보리가 먼저 자라서 덮어 잡초의 발생을 억제한다. 보릿짚에 페놀 성분이 있어 잡초의 발생을 억제하는 효과가 크다고 한다. 그리고 보리 사이에서 벼가 어느 정도 자랐을 때(5월 중순~6월 상순) 논에 물을 대면, 습해에 약한 보리는 죽고 벼만 물속에서 계속 자란다.

 이와 같이 보리와 벼를 함께 파종하면 벼가 자라기 전까지 보리가 논을 피복해 잡초의 발생을 억제하고, 물을 댄 이후에는 보리가 죽으면서 논에 유기물로 환원하여 벼의 생육에 이용되고 화학비료도 절감된다.

②벼·보리 혼파 재배 기술 요약

구분	기존 건답직파	보리 혼파
파종기	• 일모작 : 4.1~5.10 • 보리후작 : 6.1~10	• 4.1~30
파종량(kg/300평)	• 일모작 : 4~5 • 보리후작 : 5~6	• 벼 6, 보리 20
질소량(kg/300평)	• 건답직파 11~15	• 7.7~10.5
제초제	• 2~3회 (건답 기간 1회, 담수 이후 1~2회)	• 0~1회(중후기)
관개 시기	• 벼 3~5엽기 (파종하고 20~30일 뒤)	• 벼 5~7엽기 (5월 하순~6월 상순)

출처: 영농연 자료, 2004~2006년

③벼와 보리를 섞어 뿌릴 때 벼의 포기와 잡초방제가 및 수량

구분	포기 수(개/m²)	잡초방제가(%)	쌀 수량(kg/300평)
보리 혼파	87~112	82~90	421~497
관행 직파	91~118	86~96	463~512

출처: 작물과학원 영남농업연구소, 2006년

시험 방법

파종기	파종량(kg/300평)		시비량(kg/300평) (N-P2O5-K2O)	비고
	벼	보리		
4월 5일	6	20	7.7 - 4.5 - 5.6	질소비료 30% 감소

* 2004~2006년까지 영남농업연구소에서 보리(큰알보리)를 산파한 직후
 삼덕벼를 요철 골에 건답 직파하는 방법으로 실험

④ 벼와 보리를 섞어 심을 때의 작업체계도

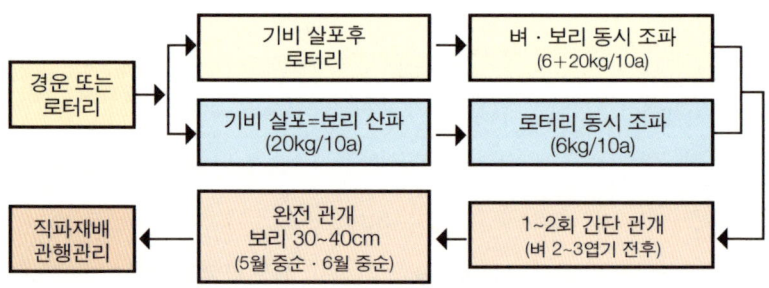

| 혼파 보리가 죽고 부숙되는 과정 |

7. 특수 목적으로 이용할 수 있는 녹비작물

(1) 시설원예지의 염류 집적을 해결하는 데에 주로 옥수수, 수단그라스 등을 활용한다.
　①옥수수는 열대의 아메리카가 원산지로, 한국의 전역에서 재배되고 있다. 시설 하우스에서는 월동 작물이 끝나면 비료를 전혀 사용하지 않고 옥수수를 밀식密植으로 파종한 뒤, 옥수수가 7~8월 개화하여 이삭이 여물기 전에 베어서 유기물을 분해하는 미생물제제를 함께 뿌리고 로터리를 쳐서 토양에 되돌려준다. 이렇게 하면 토양의 유기물 함량이 높아지고, 지나치게 집적된 염류에서 성장하는 옥수수로 말미암아 염류 집적 피해도 줄일 수 있다.
　②수단그라스는 벼과의 녹비작물로, 원산지는 아프리카 전역과 동남아시아의 열대 및 아열대 지역이며 건조한 지역에서도 잘 자란다. 수단그라스의 종자는 수수보다 작고, 줄기도 약간 작다. 밀식해도 괜찮은데, 열대성 식물이라 서리에 약하다. 사료작물로 이용하는 어린잎과 줄기에 청산이 함유되어 있어 중독 위험이 있다. 따라서 길이가 80cm 이상일 때 수확하여 이용한다. 땅에 투입하는 방법은 옥수수와 같다.

(2) 시설원예지의 선충 방제에는 크로타라리아(네마장황 또는 네마황)를 활용한다.
　①네마장황은 콩과의 한해살이풀로, 인도 및 스리랑카와 동남아시아

에 분포되어 있다. 추위에 약해 한국에서는 여름에만 재배할 수 있다. 작물을 정식하기 2개월 전에 파종하여 45일 정도 재배한 뒤 로터리 치면, 수박의 경우 뿌리혹선충이 90% 이상 억제된다. 개화기는 8월이며, 결실기는 10월이다.

②네마황은 콩과의 한해살이풀로, 중국이 원산지이다. 산과 들이나 양지에서 잘 자라고, 해발 100~1,500m에서 자생 및 재배한다. 개화기는 9월이고, 결실기는 10월 하순이다. 선충을 억제하는 효과가 있는데, 알칼로이드 물질을 함유하고 있어 사료로 이용할 때에는 주의가 필요하다.

(3) 인삼 재배의 예정지 또는 토양 유기물 함량을 높여 땅심을 증진하려면 호밀과 수단그라스를 활용한다.

①호밀은 벼과의 두해살이 녹비작물로, 유럽 남부와 아시아 서남부가 원산지이다. 한국 전역에서 재배된다. 초기 생육이 빠르고, 내한성도 강하며, 키가 1.5m 이상 자라 녹비의 수량도 풍부하다. 특히 뿌리가 1~2m까지 뻗어 흙의 통기성을 개선하고 땅심을 키우는 데 최고이다. 개화 및 결실기가 5월 중순에서 6월 초이므로, 이삭이 팬 개화기에 녹비로 활용하는 것이 가장 좋다. 보통 이삭이 패고 5~10일 뒤에 개화한다.

(4) 간척지나 염분(소금 성분)이 많은 바닷가의 농토를 개량하려면 세스바니아와 헤어리베치를 활용한다.

①세스바니아는 콩과의 한해살이풀로, 내습성이 강하고 토양의 염분 농도가 다소 높은 0.3% 내외에서도 생육한다. 세스바니아는 6월 상순 300평당 4kg의 종자를 파종하며, 키는 약 1.5~2m 정도까지 자란다. 질소 고정 능력이 뛰어나고 뿌리가 잘 발달한다.

②헤어리베치는 토양의 염분 농도가 0.1% 이하인 간척지에서 녹비작물로 활용할 수 있다. 10월 하순 무렵 300평당 3kg의 종자를 파종한다. 여름에는 세스바니아를, 겨울에는 헤어리베치를 활용하여 땅심을 개선하는 것이 좋다.

③간척지 토양개량에 적합한 계절별 녹비작물은 다음과 같다.
- 여름철 녹비 : 세스바니아, 제주재래피, 수수×수단그라스 등 3종
- 겨울철 녹비 : 보리, 호밀, 귀리, 밀, 헤어리베치 등 5종

제5부
토양 만들기

| 제1장 |

땅심 좋은 흙을 만들기 위한 3가지 요소

보통 좋은 흙을 만들기 위해서는 물리성, 화학성, 생물성의 개선이라는 3요소가 있다. 이 가운데 어느 하나라도 빠지면 건강한 토양이 될 수 없다. 이때 중요한 것은 하나하나가 독립해서 존재하는 것이 아니라, 서로 영향을 주고받는 밀접한 관계에 있다는 점이다. 그러나 관행농업(화학농법)에서는 화학성과 물리성만 지나치게 강조하고 생물성을 중요하게 여기지 않는다.

예를 들면, 병원균을 없애기 위해 토양 소독을 하면 토양의 미생물과 작은 동물들이 사멸된다. 더욱이 지나치게 화학비료에 의존하고 유기물을 경시한 결과, 토양은 생물성의 균형이 파괴되고 염류 집적과 연작 장해 등 여러 가지 폐해가 나타난다. 따라서 좋은 흙을 만들려면 적극적으로 생물상을 개선해야 한다. 그러한 생물상의 밑바탕을 이루는 것이 바로 미생물이다.

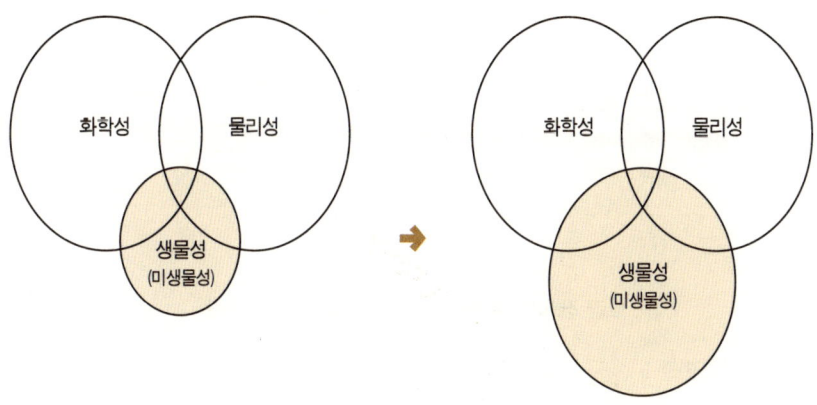

| 균형 잡힌 토양 개량이 핵심 |

유용 미생물의 활용은 미생물상의 개선을 도모하기 위한 것이 주된 목적이다. 생물성(미생물)의 개선은 물리성과 화학성을 개선하는 데에도 크게 도움이 된다. 어쨌든 이 세 가지 요소가 밀접하게 연동하기 때문에 이를 종합적으로 개선하는 일이 중요하다. 따라서 유용 미생물을 활용하는 경우에도 토양 진단으로 화학성과 물리성을 알아보고 적절한 대책을 세울 필요가 있다.

화학성 · 물리성 · 생물성이란?

①화학성 : 질소, 인산, 칼륨, 기타 미량 요소, 산도, EC 등
②물리성 : 투수성, 보수성, 통기성, 떼알구조 등
③생물성 : 각종 미생물, 선충, 진드기류, 벼룩, 지렁이, 갑충류, 다족류, 곰벌레, 각종 곤충과 유충, 두더지 등 작은 동물의 수와 종류의 균형

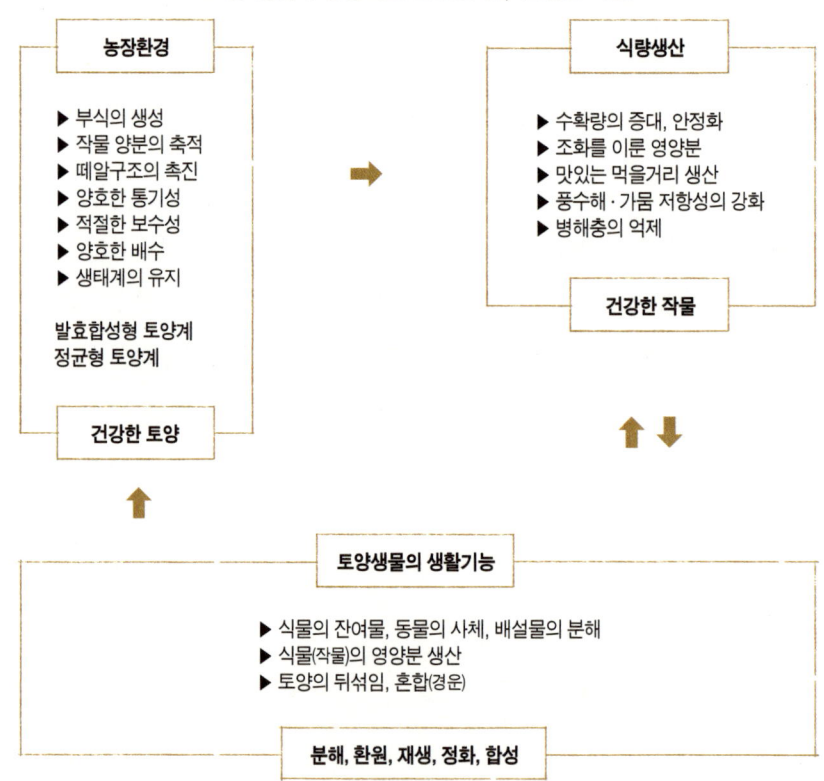

|제2장|

토양의 진단과 처방

작물이 잘 자라는 논밭의 흙을 보면, 밭의 경우에는 부드럽고 폭신폭신하고, 논의 경우에는 지르르한 진흙으로 덮여 있다. 수천 년이란 세월 속에서 많은 부식이 축적되고, 양분의 균형도 잘 이루어진 상태이다. 하지만 전국의 흙이 모두 이처럼 양호한 상태는 아니다. 산을 깎아 땅을 평탄하게 만들어 부식이 거의 없는 논밭과 원래 저지대라서 물 빠짐이 나쁜 논밭, 그리고 무분별한 경작으로 땅심이 떨어지고 산성이 강한 논밭에서는 작물이 건강하게 자랄 수 없다. 이러한 땅에서는 유용 미생물이 충분히 활동할 수 없다. 이러한 곳은 좋은 흙 만들기의 3요소를 염두에 두고 토양을 개량해야 한다.

1. 점질인가, 사질인가?

점질 토양은 양분과 수분을 유지하는 힘이 있고, 지나친 양분과 유해물질의 영향을 완화하는 장점이 있다. 반면, 물 빠짐과 통기성이 나쁜 단점이 있다. 한편, 사질 토양은 양분의 유지력과 보수성이 떨어지는 반면, 투수성과 통기성이 좋은 장점이 있다.

이러한 토양들이 가진 단점을 보완하려면, 점질이 너무 강한 경우에는 섬유질이 많은 녹비와 퇴비, 또는 모래나 마사 등으로 객토해서 개량한다. 반면, 사질이 강해 쉽게 마르는 토양에는 양질의 점토를 객토해서 개량한다. 물 빠짐이 매우 나쁜 토양에는 속도랑(暗渠)이나 겉도랑(明渠) 배수 설비를 한다. 또한 매년 볏짚처럼 탄소율이 높고 입자가 큰 유기물을 조금씩 투입하여 토양의 부식 함량을 유지하고 증진하도록 노력한다. 탄소율만 높은 유기물을 다량으로 투입하면 일시적으로 질소 기아 현상이 일어날 위험이 있으므로 주의해야 한다.

또한 다공질의 제올라이트는 양분을 유지하고 조금씩 방출하는 성질이 있으므로 토양을 개량하는 데 도움이 된다. 녹비 같은 질소 성분이 많은 유기물을 땅에 환원할 때 활용한다. 사용량은 1회에 300평당 100~200kg 정도이다.

2. 물 빠짐이 좋은가, 나쁜가?

물 빠짐이 좋고 보수력이 있는 흙(스펀지처럼 일정량의 물은 저장하고 나머지는 흘려보내는 흙)이 작물이나 미생물에 좋은 생육 환경이다. 물 빠짐이 나쁜 토양에는 속도랑이나 겉도랑의 배수 공사를 하거나 고랑을 깊게 내는 등의 작업이 필요하다.

3. 토양의 유기물 함량이 많은가, 적은가?

토양의 유기물(부식) 함량이 많은 흙이 좋은 흙의 기본이며, 유용 미생물이 활동하기 위한 필수조건이다. 유기물이 적은 흙은 검은빛이 약하고 퍼석퍼석하다. 이런 흙은 딱딱해지기 쉽고, 양분을 유지하는 힘도 약하다. 유기물이 적은 흙에는 퇴비와 녹비, 또는 양분이 그리 많지 않은 혼합발효 유기질비료 등을 적극적으로 투입한다.

4. 산성인가, 알칼리성인가?

대부분의 작물이 생육하기에 좋은 pH는 6.5 전후이며, 유용 미생물이 활동하기에도 좋은 환경이다. 산성이 강하면 알칼리성 자재(패화석)를 투입해서 개량한다. 토양에 따라 다르지만, 패화석의 경우 300평당

150~200kg을 투입하고, pH를 검사하여 목표치에 도달하지 않았다면 다음 농사철에 추가하여 투입한다.

5. 기타 토양 양분의 과부족 상태는?

질소 · 인산 · 칼륨 · 칼슘 · 마그네슘 등의 양분은 너무 많아도, 또 너무 적어도 안 된다. 혼합발효 유기질비료와 퇴비, 용인(용성인비) 등과 같은 자재로 서서히 개량하는 것이 중요하다.

6. 논토양의 개량

논토양의 개량은 병해충이 달라붙지 않는 튼튼한 벼를 재배하는 것이 목적이기에 규산의 함량을 높일 필요가 있다. 패화석이 유효 규산을 10% 정도 포함하고 있으므로 자재로 활용하기에 적합하다. 투입량은 300평당 150~300kg을 2~3년 지속적으로 투입한다.

| 제3장 |
토양을 개량하는 방법

앞에서 토양을 개량하기 위한 진단과 처방에 관해 살펴보았듯이, 농사를 짓기 위해 산을 개간하거나 하천 부지를 농토로 만들거나 기존의 농토라도 토질이 척박하여 문제되는 땅, 또는 오랜 기간 연작을 해서 장해가 일어나는 땅, 배수가 잘 안 되는 땅, 가뭄 피해가 심한 땅은 물론, 각종 화학물질이나 기름 등으로 오염된 땅 등 농작물을 재배하기에 적합하지 않은 곳 모두 토양 개량의 대상이다. 토양의 개량에 대해 일부 농민들은 객토만이 최고라고 생각하는데, 이는 잘못된 생각이다. 토양을 개량하는 방법에는 대략 3가지가 있다.

1. 물리적인 개량

물 빠짐이 좋지 않아 뿌리의 발육에 문제가 있거나 너무 물이 잘 빠져 가뭄을 타는 땅을 예로 들 수 있다. 배수가 좋지 않은 땅에는 굵은 마사나 모래 또는 잘 발효된 입자가 큰 우드칩 등을 넣어주면 개선이 된다. 그러나 객토를 하면 무조건 좋다며 토양 입자의 크기를 무시하고 입자가 작거나 찰흙으로 객토하면 전혀 효과가 없다.

반대로 배수가 너무 잘되는 땅에는 입자가 작은 찰흙이나 보수력이 좋은 벤토나이트 등의 광물질, 또는 잘 발효된 리그닌이 많은 소재의 퇴비를 적당량 넣어서 흙을 떼알구조로 개량하는 것이 좋다. 그리고 물 빠짐이 잘되도록 하는 속도랑 배수 시설 등도 물리적인 개량이라고 할 수 있다.

객토를 할 때 대체로 황토를 많이 사용하는데, 그 이유는 모암으로부터 풍화가 진행되는 과정이어서 아직 각종 미네랄이 풍부하기 때문이다. 이렇듯 미네랄이 풍부하여 지장수地奬水를 만들어 먹거나 작물을 재배하는 데 이용한다.

2. 화학적인 개량

산성화된 땅의 산도를 교정하기 위해서 생석회나 소석회를 흙의 산도에 맞추어 사용하는데, 친환경농업에서는 주로 패화석을 사용한다. 또한 부족한 각종 미량 원소를 보충하기 위해 제올라이트나 맥반석 등의 각종 천연광물질을 넣어주는 방법도 있다. 규산질이나 나뭇재 등의 사용도 이에 속한다.

3. 생물적인 개량

토양에 유기물 함량이 적어 미생물이나 지렁이 등이 부족하고 떼알구조(粒團)도 제대로 조성되지 않아 땅심이 낮을 때에는 발효퇴비나 길항 미생물 또는 천적 등을 넣어준다.

그리고 녹비작물을 활용하여 토양을 개량할 수도 있다. 사실 요즘은 농촌에 고령층이 많아 인력이 부족하고, 인건비가 비싸서 퇴비를 직접 만들어 사용하기가 어렵다. 그래서 퇴비와 녹비작물을 병행하여 사용하는 것이 아주 좋은 방법이라고 할 수 있다.

친환경농업을 실천하려면 토양의 기본 조건을 갖춰야 하고, 이를 위해서는 문제가 있는 땅을 반드시 개량해야 한다. 이때 염두에 두어야 할 점은, 토양을 개량하는 세 가지 목적을 한 번에 빨리 충족시킬 수 있는 적절한 토양 개량제를 선택하는 것이다. 가장 좋은 방법은 토양 입자의 크기와 그 땅에 맞는 오래가고 질 좋은 발효퇴비를 만들어 사용하는 것이다. 발효퇴비는 토양의 개량과 특히 친환경농업에서 가장 필수적인 기본 요소이다. 인공 토양 개량제는 미생물의 먹이나 서식처(집)가 되기 힘들기 때문에 일반 유기물보다 좋지 않다.

그러므로 토양의 개량, 특히 좋은 흙을 만드는 데는 작물을 심기 전에 얼마나 빨리 토양에 유효 미생물을 활성화시켜 정착하도록 하는가가 중요하다. 혼합발효 유기질비료는 유효 미생물의 균체 밀도를 높이고, 재료인 쌀겨(미강)와 유박 등의 양분을 토양에 공급하는 역할을 한다. 그러나 흙 만들기의 기본은 토양에 안정적으로 존재하는 부식의 축적이 필수이다. 이 부식은 녹비나 퇴비, 작물의 부산물(볏짚 포함) 등의 유기물을 투입하여 축적되며, 유용 미생물은 이러한 부식을 먹이와 서식처로 삼아 증식활동을 한다.

그러나 혼합발효 유기질비료(유박 종류를 발효한 것)만 투입하면 부식이 축적되지 않는다. 부식은 토양에 유용 미생물의 종균을 접종하는 역할을 하며, 그 미생물들이 안정적으로 생활할 수 있는 조건은 토양의 부식 함량을 높이는 데에 달려 있다. 따라서 퇴비나 녹비작물, 잡초, 작물의 부산물 등을 지속적으로 투입해야 한다.

지렁이의 토양 개량

① 유기물을 부수고 유기물의 표면적을 넓힌다. 이로써 미생물의 유기물 분해를 촉진시키고 양분을 방출하게 한다.
② 토양을 떼알구조로 만들고, 구멍을 내어 토양의 안정성과 공극, 보수력 등을 개선시킨다.
③ 토양 표면의 유기물을 흙속으로 이동시켜 분해를 촉진시키고, 질병을 예방하는 효과가 있으며, 토양을 경운하는 역할을 한다.
④ 토양의 구멍을 통해 수분이 침투하도록 만든다.
⑤ 양분을 연결하는 구멍을 만들어 뿌리의 발달을 증진시킨다.

| 제4장 |
땅심 높이기의 핵심

1. 퇴비 재료의 선택

땅심을 높이는 여러 방법 가운데 가장 기본은 토양 유기물, 즉 부식의 확보이다. 현재 우리나라 농토의 평균 토양 유기물 함량은 2% 안팎으로, 적정 수준인 4~5%까지 올리려면 많은 시간과 노력, 경비가 필요하다. 매년 녹비작물을 연중 재배하면 토양 유기물이 연간 0.12% 정도, 볏짚을 넣는다 해도 0.15% 정도밖에 오르지 않는다. 필자는 앞에서 같은 퇴비라도 이끼 · 갈대 · 톱밥 · 나무껍질 등 리그닌 함량이 많은 소재로 만든 퇴비를 사용하면 토양의 유기물 함량을 빠르게 높일 수 있다고 강조했다. 목재퇴비의 경우 부식의 생성량은 볏짚퇴비의 3배 이상이고, 양이온 교환용량(보비력)은 볏짚보다 7배나 높으며, 기계적 · 물리적 효과의 지속성은 볏짚퇴비의 4~5배 이상이다. 토양의 유기물(부식) 함량을 단시간에 높이는 가장 좋은 소재는 톱밥이다.

  필자가 권장하는 방법은 먼저 토양 유기물을 적정 수준으로 확보한 뒤, 앞에서 소개한 '연간 토양 부식의 소모량 비교'를 참조하여 매년 소모하는 부식 함량에 따라 퇴비나 다른 유기물을 보충하는 것이다. 3년 동안 300평당 톱밥퇴비를 10톤씩 투입하고 4년째부터는 2톤씩 넣는다면 딸기는 8톤, 오이는 40톤, 토마토는 36톤 정도 수확할 수 있다(일본 시마모토 농법).

2. 퇴비 발효 방법의 선택

호기성 발효와 혐기성 발효 가운데 유기농업에서는 호기성 발효 퇴비를 선택하는 것이 좋다. 호기성 발효는 고온에서 이루어지므로 목재에 있는 유기화합물의 독소를 분해 또는 불용성화시킨다. 목재의 독소는 육안으로는 구분할 수 없으므로 반드시 고온의 발효 온도로 처리해야 한다. 또한 잡초와 잡균을 사멸시키고, 유익한 미생물이 다량으로 발생하도록 한다.

3. 퇴비의 종류별 적정 부식 함량을 높이는 데 필요한 예상량

부식 함량 2%일 때	3%로 올릴 때(+1%)		4%로 올릴 때(+2%)		5%로 올릴 때(+3%)	
시비 기간	당년 목표	5년 목표	당년 목표	5년 목표	당년 목표	5년 목표
일반퇴비 (볏짚 기준)	15톤	매년 3톤 이상	30톤	매년 6톤 이상	45톤	매년 9톤 이상
부숙톱밥	4.5톤	매년 1톤 이상	9톤	매년 2톤 이상	13.5톤	매년 3톤 이상

* 현재 국내 농토의 토양 유기물(부식) 함량이 2%라고 할 때
* 시비한 퇴비의 1/3이 매년 분해된다고 예상할 때

제6부
친환경농업의 토양 관리 계획

1. 논밭의 토양 분석

경작하는 논밭의 토양에 대한 분석을 매년 1회 이상 농업기술센터나 민간 분석기관에 의뢰하여 실시한다.

2. 토양 유기물 함량의 유지

토양 유기물 함량을 적정하게 유지하려면 유기물 함량의 분석을 참고로 첫째, 완숙 발효퇴비를 매년 적정량 시비한다. 토양의 유기물 함량을 최소한 4~5% 이상 확보하여 유지하도록 노력하고, 이를 위해서 질 좋은 완숙 발효퇴비를 시비한다. 퇴비를 발효할 때 길항 미생물과 각종 미네랄을 공급하기 위해 맥반석과 일라이트(견운모絹雲母) 등을 넣으면 더욱 좋다. 둘째, 작목과 지역에 맞는 녹비작물을 심거나 볏짚 등을 넣어 유기물 함량을 높인다.

3. 토양 산도(pH)의 교정과 주의사항

토양 분석에 따라 소요량을 계산하여 패화석, 천연석회, 석회고토, 달걀 껍질 등을 300평당 적정량 넣어서 작물별 적정 산도로 교정한다. 산성이 강한 토양이라 할지라도 1회에 300평당 200kg을 초과하지 않는 것이 좋고, 밑거름을 넣기 보름 전에 주는 것이 좋다.

4. 토양 미생물상 개선과 토양 소독의 판단

(1) 완숙 발효퇴비 안에 들어 있는 유익한 미생물들이 병을 일으키는 유해 미생물의 활동을 억제하거나 천적 역할을 하도록 한다.
(2) 목초액이나 식초 등과 같은 천연자재로 소독한 뒤 길항 미생물을 투입한다.
(3) 퇴비를 제조할 때 게껍질과 같은 키틴, 키토산 등의 길항 미생물 증진 자재를 혼합하여 사용하거나 논밭에 투입한다.
(4) 연작을 하는 시설원예에서는 여름철에 태양열 소독을 하는 경우

가 있는데, 어떠한 소독이든지 특정한 미생물에 편중될 가능성이 있어 신중히 판단해야 한다.

(5) 녹비작물을 심어 완숙퇴비와 함께 유효 미생물의 발생과 활동을 돕고, 토양에서 미생물의 서식처가 되도록 환경을 조성한다.

5. 돌려짓기와 사이짓기 체계의 확립

(1) 돌려짓기(윤작)

매년 사람의 편의대로 똑같은 작물을 연작하면 병충해를 입게 된다. 이를 피하기 위해 돌려짓기를 하는데, 주의할 점은 비슷한 성질을 가진 작물의 연작은 피해야 한다.

성질이 비슷한 채소

구분	채소명
국화과	양상추, 머위, 샐러드채, 우엉, 쑥갓, 상추 등
가지과	가지, 토마토, 피망, 감자, 고추 등
십자화과	무, 순무, 배추, 양배추, 꽃양배추, 브로콜리, 삼동채 등
오이과	오이, 수박, 멜론, 호박, 수세미 등
미나리과	당근, 파슬리, 셀러리, 파드득나물(미쓰바) 등
토란과	토란, 연뿌리 등
명아주과	시금치, 근대, 수송나물 등
백합과	파, 양파, 마늘, 부추, 아스파라거스, 염교 등

이 채소들 가운데 감자·토마토·가지는 4년 이상, 배추·양배추·오이는 3년 이상, 무와 순무는 2년 이상 간격을 띄우면 좋다. 연작을 해도 좋은 채소는 시금치, 쑥갓, 참깨 등이 있지만 돌려짓기하는 것보다는 못하다.

벼과 작물-근채류-엽채류-과채류를 재배하며 4년을 주기로 한 바퀴씩 돌리면 아주 좋다.

(2) 사이짓기(섞어짓기)

여러 가지를 함께 심어서 생육을 좋게 하거나 병충해를 막는 등의 효과를 보는 작물들이 있다. 예를 들어 키가 큰 옥수수와 땅으로 기는 호박을 함께 심으면 아주 합리적이며, 옥수수 밑에 오이와 멜론을 심으면 청고병을 막는 효과가 있다고 한다. 또한 양배추 옆에 토마토를 심어 배추흰나비의 유충을 쫓는다든지, 토마토와 아스파라거스를 심어 서로의 해충을 예방하는 등 다양한 방법이 있다. 이러한 방법들을 활용하면 좋을 것이다.

6. 양분을 공급하는 방법과 순서

(1) 완숙 발효퇴비로 땅심을 높여 각종 양분이 축적되도록 유도한다.
(2) 화학비료 대신 혼합발효 유기질비료를 사용하여 속효성으로 작물의 생육에 필요한 양분을 공급한다.

(3) 각종 과일(또는 풀, 채소)액비, 생선액비, 퇴비차, 유기칼슘액비 등을 활용하여 양분을 공급한다.

(4) 녹비작물을 심으면 벼와 콩 같은 작물은 생육 상태에 따라 웃거름을 조금 주든지, 전혀 주지 않아도 농사가 가능하다. 다른 작물들은 녹비작물이 가지고 있는 양분을 감안하여 영양을 공급한다.

7. 제초제를 사용하지 말고 토양의 생물 다양성 유도

제초제를 한번 사용하면 미생물이 절반으로 줄어든다고 한다. 따라서 제초제를 사용하지 않으면 토양에 미생물들이 풍부하게 살 수 있다. 이를 먹이사슬로 삼아 지렁이와 각종 곤충 및 개구리, 도마뱀 등 다양한 토양 생물이 모여들어 토양의 물리성을 개선할 수 있는 장점이 있다. 어느 연구기관에서 한 연구원이 현장에 출장을 나가 살펴보면서 이렇게 말했다. "장마 때 논둑이 무너진 곳을 보면 틀림없이 제초제를 친 곳이더군요." 이 말은 귀담아들어야 할 내용이다.

8. 오염되지 않고 산소가 풍부한 물을 사용

오염되지 않은 물을 이용하고, 지하수는 되도록 저수조 같은 곳에 모아서 공기와 반응하도록 한 다음 산소가 풍부해지면 사용한다.

부록

|부록 1| 퇴비의 소재별 탄질률과 비료 성분의 함량

(1) 각종 식물체 및 미생물의 탄질률

구분	탄소(%)	질소(%)	탄질률(C/N)
가문비나무 톱밥	54	0.05	600
활엽수 톱밥	46	0.1	400
제지공장의 슬러지	54	0.9	61
옥수수 부산물	40	0.7	57
호밀껍질(성숙기)	40	1.1	37
잔디(블루그라스)	37	1.2	31
가축분뇨	41	2.1	20
음식물퇴비	30	2.0	2
알팔파	40	3.0	13
소화된 하수슬러지	31	4.5	7
박테리아	50	12.5	4
방선균	50	8.5	6
곰팡이	50	5.0	10
부식산	58	1.0	58
밀	46.1	2.30	20
밀짚	55.7	0.48	116
볏짚	42.2	0.63	67
쌀보릿짚	50	0.30	166
귀리	50.7	2.20	23

귀릿짚	37	0.50	74
완두	46.5	4.20	11
감자	44	1.50	29
볏짚퇴비	35.8	2.24	16
이탄	48.29	0.83	58

* 톱밥이나 나무껍질은 같은 수종이라도 오래 자랄수록 탄질률이 높아 어떤 수종은 탄질률이 1,200을 넘는다.

출처: 『토양학』, 향문사

(2) 각종 퇴비 재료의 회분 함유율과 탄질률

구분	회분(%)	전탄소(%)	전질소(%)	탄질률
볏짚	15.30	36.30	0.67	54
왕겨	14.30	39.80	0.55	72
밀짚	4.80	44.70	0.12	373
보릿짚	5.60	41.77	0.39	107
호밀짚	4.10	47.39	0.33	144
완두덩굴	8.50	45.30	1.56	29
미국삼나무(껍질)	0.57	58.56	0.20	293
미국삼나무(톱밥) (2개월 방치)	1.61	49.98	0.08	625
미국삼나무(톱밥)	0.29	51.05	0.07	729
미국솔송나무(톱밥)	0.35	49.74	0.04	1,244

출처: 미생물 농법

(3) 퇴비의 소재별 비료 성분의 함량 및 시비 효과

퇴비의 종류	소재 (원재료)	수분 (%)	1톤당 성분량(kg)					1톤당 유효성분량(kg)			시비 효과		
			질소	인산	칼륨	석회	고토	질소	인산	칼륨	비료 공급	화학성 개선	물리성 개선
식물 소재 퇴비	볏짚, 보리짚, 산야초	75	4	2	4	5	1	1	1	4	중~소	소	중
왕겨 퇴비	왕겨	55	5	6	5	7	1	1	3	4	소	소	대
목질 소재 퇴비	바크, 톱밥, 칩	61	3	3	3	11	2	0	2	2	소	소	대
가축분 퇴비	우분+깔짚	66	7	7	7	8	3	2	4	7	중	중	중
	돈분+깔짚	53	14	20	11	19	6	10	14	10	대	대	소
	계분+깔짚	39	18	32	16	69	8	12	22	15	대	대	소
가축분, 목질 혼합 퇴비	우분+톱밥	65	6	6	6	6	3	2	3	5	중	중	대
	돈분+톱밥	56	9	15	8	15	5	3	9	7	중	중	대
	계분+톱밥	52	9	19	10	43	5	3	12	9	중	중	대
도시 쓰레기 퇴비	가정 (음식물 쓰레기)	47	9	5	5	24	3	3	3	4	중	중	중
식품 제조박 퇴비	식품제조박+수분 조절제	63	14	10	4	18	3	10	7	3	대	중	소
하수오니 퇴비	하수오니+수분 조절제	58	15	22	1	43	5	13	15	1	대	대	중

출처:『토양진단의 방법과 활용』, 일본 농문협, 1996년

|부록 2| 토양 분석서의 이해

(1) 산도(pH)

산도는 음식의 '간'을 맞추는 것에 비유할 수 있다. 간이 잘 맞으면 음식(비료)을 골고루 잘 먹듯이, 일반적으로 중성(pH 6.5)에서 작물의 양분 흡수율이 높다.

(2) 토양 유기물

토양 유기물이 2.0% 이하인 곳은 토양의 유기물 함량이 낮은 곳이므로 충분한 양의 완숙퇴비를 꾸준히 넣도록 한다. 3.0% 전후인 토양은 완숙퇴비를 계속 넣어주면서 유기물 함량을 높인다. 4.0% 이상인 토양은 거친 재료를 이용한 완숙퇴비를 꾸준히 넣어준다. 토양의 유기물 함량이 적어도 3.5% 이상은 되어야 한다.

유기물 함량이 5.0% 이상이면 아주 좋은 흙으로, 이를 계속 유지하도록 한다. 또한 2.0% 이하인 경우에는 한꺼번에 많은 양의 밑거름과 웃거름을 주지 말고 조금씩 자주 주는 편이 좋다. 아직 흙에서 많은 양의 비료를 받아들일 준비가 되지 않았기 때문이다. 완숙퇴비는 부식에 따른 양이온 교환용량(보비력)을 높여서 더 많은 비료(특히 양이온)를 받아들일 수 있는 상태로 만든다. 또한 토양 유기물은 통기성 및 보수성과 함께 미생물의 먹이와 서식처가 되어 토양 생물의 다양성을 개선한다.

(3) 유효 인산

- 00ppm 이하는 낮은 편이므로 인산 함유 복비, 용성인비, 쌀겨, 계분퇴비를 적당량 사용하기를 권한다.
- 300~500 전후는 지나치게 축적되지 않도록 인산질 비료를 줄여야 한다.
- 800 이상은 인산질 자재의 시비를 중단하고 인산 가용화균을 사용할 것을 추천한다.
- 인산 함량이 200 이하인 땅은 새로운 농토로 볼 수 있다. 앞으로 꾸준히 만들어나가야 할 땅이다.
- 1000ppm이 넘는다고 크게 걱정할 필요는 없다. 작물에 직접적으로 과잉 장애가 미치는 것이 아니라 환경(수질 등)에 나쁜 영향을 미치며, 특정 시기(매우 건조한 시기 등)에 작물의 생육에 영향을 주거나 양분 흡수에 불균형이 발생할 수 있다. 인산질 자재의 시비를 중단하고 인산 가용화균을 사용하기를 권한다.

(4) 칼륨(칼리), 칼슘, 마그네슘(고토)

이 양이온들은 균형이 중요하다. 전체적으로 비율에 맞게 시비하며, 많다고 문제가 되지는 않는다.

(5) 전기전도도(EC)

전기전도도란 전기전도계(기기)를 사용하여 흙속의 비료 축적량을 측정하는 것이다. 사람으로 비유하면 '비만도'를 측정하는 것과 같다.

- 높다 : 비만 → 다이어트가 필요하다 → 시비량을 줄이고 조금씩 나누어서 자주 주는 편이 좋다.
- 낮다 : 영양 부족 → 충분한 양을 시비한다(권장량 이상으로).
- 보통 : 정상 → 적절한 관리.

(6) 양이온 교환용량(CEC, 양분보존능력)
- 한국 농토의 양이온 교환용량은 평균 10~12 정도라고 한다. 15 이상이면 훌륭한 흙이다.
- CEC가 높으면 양분이 지나치게 많아도 큰 문제가 없다. CEC가 높다는 이야기는 많은 양분(비료)이 들어와도 소화할 수 있다는 의미로 해석할 수 있기 때문이다.

|부록 3| 토양 시료를 채취하는 요령

- 토양 표면에 있는 이물질을 제거하고 2~3mm 정도의 토양층을 걷어낸다.
- 시비 처방을 위한 토양 채취 시기는 작물 재배를 끝내고 다음 작물을 재배하려고 퇴비나 비료를 사용하기 전이 가장 적합하다.
- 작물이 생육하고 있을 때 토양을 채취할 경우 웃거름을 시비한 부위나 점적 노즐에서 10cm 이상 떨어진 곳에서 채취한다.

(1) 논밭에서 토양 시료를 채취하는 위치

생육 상황이 평균적인 곳의 여러 군데에서 골고루 채취하여 혼합한다. 만약 생육 상황이 차이가 크다면 좋은 지역과 불량 지역을 나눈 다음 각각의 여러 군데에서 골고루 채취한다.

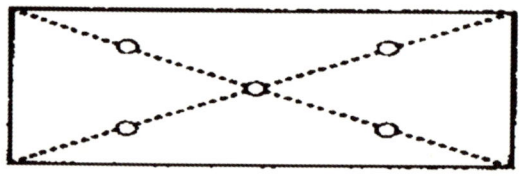

(2) 삽으로 채취할 경우, 일단 삽으로 채취할 깊이까지(뿌리가 뻗은 깊이로 하되 20cm 이내) 흙을 파내고, 빗금 친 부분처럼 상부와 하부의 두께가 같도록 토양 시료를 채취한다.

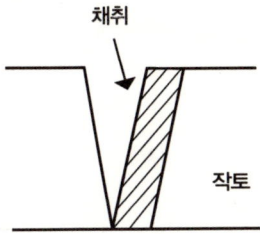

(3) 두둑과 고랑이 있는 경우, 동시에 두 곳의 토양 시료를 채취한다.

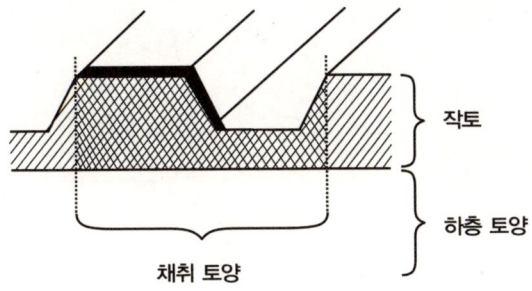

(4) 과수의 경우 대표적인 과수 5~6그루를 골라 수관 끝에서 20~30cm 안쪽의 두세 군데에 0~20cm 및 20~40cm 깊이에서 따로 채취한다.

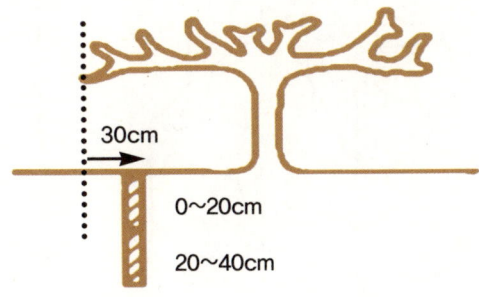

(5) 토양 시료 채취기로 채취할 경우, 채취 위치와 깊이는 아래 그림과 같다.

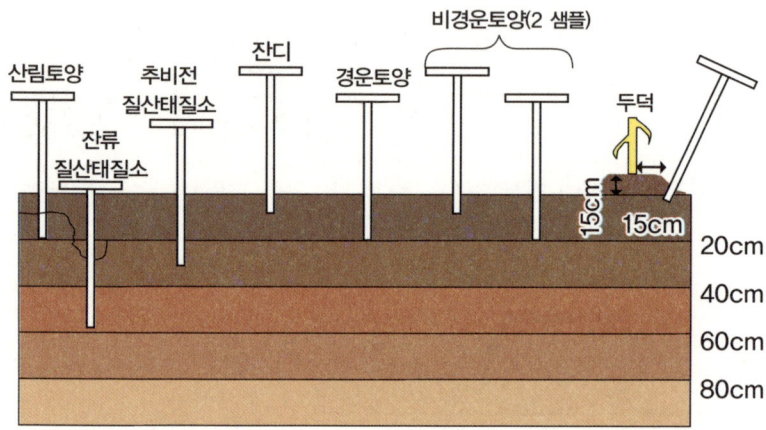

(6) 토양 시료 채취기로 채취할 경우 채취 지점

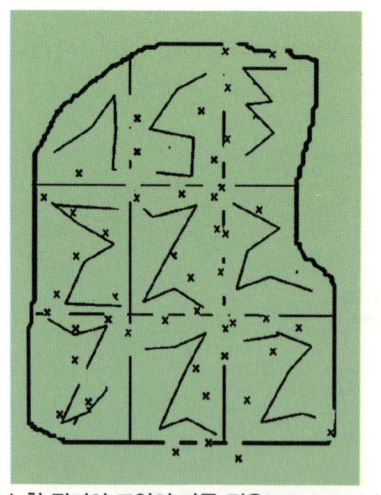

| 한 필지의 토양이 다른 경우(생육 불균일) |

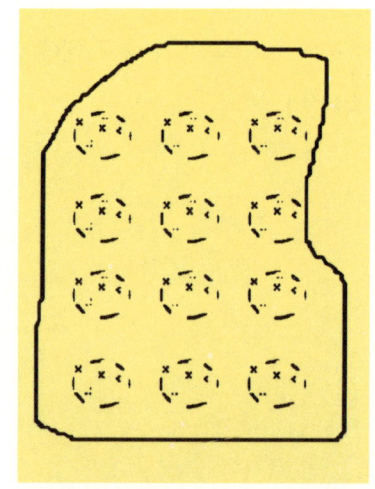

| 한 필지의 토양이 같은 경우(생육 균일) |

|부록 4| 토양 생물과 미생물의 종류

1. 토양 생물의 종류

- 미생물 : 세균, 방선균, 곰팡이 등
- 원생생물 : 아메바, 선충 등
- 절지동물 : 각종 곤충류
- 환형동물 : 지렁이 등

2. 주요 미생물의 종류

(1) 유산균(젖산균)

공기가 있든 없든 20~40°C에서 매우 빠른 속도로 자란다. 배양되면서 젖산을 생산하여 산도를 떨어뜨리고(pH 4) 과산화수소를 생성함으로써 병원성 미생물의 증식을 억제하여 토양 병해를 방지한다.

또한 각종 생리활성물질(비타민, 아미노산, 핵산 등)·항균물질·항암물질을 생산함으로써 작물의 경우 식물체의 자기 방어능력을 높이고, 가축의 경우에는 장내 미생물상의 안정화, 사료 효율의 증가, 내병성 증가라는 효과가 나타난다. 엔실리지(담근먹이, 가축 사료)를 제조하는 데에도 이용된다.

작물을 재배할 때는 인산과 각종 비료의 활성을 높여 생육을 촉진시키고, 각종 액비를 제조할 때 발효에 활용된다. 가장 흔히 사용되는 균주는 간균桿菌인 락토바실루스 아시도필루스(Lactobacillus acidophilus)와 구균球菌인 스트렙토코쿠스 락티스(Streptococcus lactis) 등이 있다.

(2) 효모(이스트)

쌀겨, 밀기울 같은 농가 부산물을 발효할 때 열을 발생시키는 주요 미생물로, 유기물을 분해하는 능력이 뛰어나며 어떠한 악조건에서도 생존력이 뛰어나다. 따라서 악취 발생원(축사 바닥 등)에 살포하면 악취를 제거하는 효과가 있다. 또한 아미노산, 비타민 등 작물 및 가축의 성장에 필수적인 성분을 다량 생산하며, 사료의 기호성을 높여준다. 공기가 있어야 잘 번식한다. 주로 이용하는 균주는 사카로미세스 세레비시에(Saccharomyces cerevisiae)이다.

(3) 방선균(방사선균)

병원성 곰팡이의 천적 미생물로, 토양에서 자라면서 병원균을 죽이거나 생육을 정지시키는 항생물질을 만드는 유익균이다. 활성화된 양질의 토양이나 유기질을 많이 넣은 토양에서는 방선균의 밀도가 높은 특징이 있다. 퇴비를 발효시킬 때 내부 온도가 70~80°C이면 퇴비의 우점 미생물이 바로 고온성 세균과 고온성 방선균이 된다.

퇴비를 많이 넣은 토양의 병해 억제력은 방선균이 생성하는 다량의 항생물질 덕이다. 또 흙 고유의 냄새는 바로 방선균의 냄새이기도 하다. 버섯 배지를 살균한 뒤에 후발효시키는 이유도 방선균을 배양하기 위함이며, 방선균이 잘 배양된 배지는 버섯 종균을 접종한 뒤 활착하는 과정에서 잡균의 오염이 거의 없다는 것도 널리 알려진 사실이다. 주로 이용하는 균주는 스트렙토미세스(Streptomyces)속屬의 균으로, (사)흙살림에서는 생명공학연구원과 함께 항생물질을 생산하는 균주를 이용한 제품을 개발했다.

(4) 곰팡이

곰팡이는 생육 속도가 느린 편이라 퇴비가 발효될 때 후반기에 나타난다. 섬유질을 분해하는 능력이 뛰어나 톱밥과 볏짚 같은 재료가 많은 유기물의 발효는 곰팡이로 말미암아 완성된다. 균근균(마이코라이자)이라는 곰팡이는 작물의 뿌리에 밀착하여 생장하면서 토양의 난용성 성분(특히 인산)을 흡수하여 작물에 제공하고, 또 뿌리 표면에서 물리적 방어벽의 역할을 하여 뿌리의 병해를 방지하기도 한다.

이렇듯 곰팡이는 종류에 따라서 작물에 병을 일으키는가 하면 병원성 곰팡이로부터 작물을 보호하기도 한다. (사)흙살림에서는 길항력이 있는 트리코데르마(Trichoderma屬)와 인산 가용화균인 페니실륨(Penicillium 屬)을 개발했으며, 축산에서는 아스페르길루스(Aspergillus屬, 누룩곰팡이) 균을 이용한다.

(5) 광합성 세균

마치 식물처럼 햇빛을 이용하여 광합성을 행하는 세균이다. 진홍색을 띠며 균체 내부의 단백질 함량이 매우 높고, 각종 비타민과 미네랄,

생리활성물질 및 항균·항바이러스 물질을 다량으로 생산한다. 광합성 세균은 암모니아·유화수소·유기산 등 각종 악취 발생 물질을 섭취하면서 자라므로 악취를 제거하는 효과가 뛰어나다. 광합성 세균은 가스를 제거하는 역할도 수행하여, 시설 하우스에서 미숙 유기물을 시용해 발생하는 가스 피해를 방지하기도 한다. 또한 오염된 물을 정화하는 능력도 뛰어나 양어장의 정수 처리용 미생물로도 사용된다. 농업에서 주로 이용하는 균주는 로도슈도모나스(Rhodopseudomonas屬) 균으로 황색비유황세균으로 분류된다. 발근을 촉진하는 효과와 꽃눈 형성에 도움을 주며, 착색을 촉진하는 데에도 효과적이다.

(6) 비티(BT)균

미생물 살충제로 널리 사용하는 세균으로, 균체 안에서 독소를 만들어 해충(청벌레, 좀나방, 자벌레, 파밤나방, 명나방 등)의 유충이 이를 먹으면 장이 파괴되어 죽는다. 최근에는 토양의 유해 선충을 죽이는 BT균도 개발되었다. 주로 바실루스 투린지엔시스(Bacillus thuringiensis)를 균주로 이용한다.

(7) 고온성 미생물

보통의 미생물은 20~35°C의 온도에서 잘 자라는데, 고온성 미생물은 50~70°C의 고온에서 가장 잘 자란다. 활성이 매우 뛰어난 각종 효소를 생산한다. (사)흙살림에서는 태양열 처리를 할 때 고온성 미생물을 이용한다. 고온성 미생물에는 세균이 많다.

⑻ 질소 고정균

식물체는 대기의 질소를 직접 이용할 수 없어 농업에서는 화학적으로 합성한 질소비료를 통해 질소분을 섭취하도록 한다. 그러나 질소고정 미생물은 대기의 질소를 고정하여 작물이 이용할 수 있는 형태로 만들어줌으로써 질소비료 시비량을 절감시킨다. 주로 콩과식물에서 관찰되는데, 대부분의 작물이 다양한 질소고정균과 공생관계를 형성한다. 콩과에 공생하는 균은 리조비움(Rhizobium) 속屬이며, 다른 작물에 공생하는 균은 아조토박터(Azotobacter) 속屬이 많다.

⑼ 일반 호기성 세균

공기가 있는 상태에서 각종 유기물을 분해하면서 생성되는 미생물 집단으로, 균종에 따라서는 병원성 미생물을 억제하거나 동식물의 성장에 필요한 영양분을 생산하는 등 식물체와 관계가 밀접하다. 토양을 분석하면 각종 세균, 방선균, 곰팡이 등이 매우 많이 존재하는데, 작물을 재배하는 토양은 세균이 우점하고 산림의 토양은 곰팡이가 우점한다.

3. 각종 미생물의 생육 적온

구분	생육 적온	비고
세균	25~35℃	중온성
곰팡이	25~35℃	호냉성(-5℃), 고온성(55℃)도 있다
효모	25~30℃	
방선균	25~35℃	500여 속(5,000여 종)
광합성균	30~35℃	환경의 무기물로부터 발육에 필요한 유기영양소를 합성할 수 있는 무기영양균이다. 빛이 에너지원이고, 이산화탄소가 탄소원이다.
내열성(고온성) 세균	50~60℃ (80~100℃에서도 생존)	포자 형성

* 호열성 세균: 생육 최적 온도는 50~105℃, 30℃ 이하에서는 거의 증식하지 않는 세균의 총칭이다.

4. 농사에 주로 이용되는 미생물

(1) 유해 미생물

구분	병명	비고
병원성 곰팡이	• 역병, 탄저병, 흰가루병, 노균병, 입고병, 시들음병, 근부병, 잿빛곰팡이병, 문고병, 도열병 등	• 식물 병의 90% 이상이 해당
병원성 세균	• 청고병, 무름병 등	• 발생하면 관수를 억제
바이러스	• 오갈병, 빗자루병, 모자이크병	• 번식은 세균보다 빠름 • 약제가 없음

(2) 유용 미생물

구분	효능	비고
바실루스	• 포자 형성(생존력이 강함) • 항균 펩타이드 형성 • 식물 병원균의 생육 억제 • 나방류의 살충 효과	• 유기질비료 • 퇴비
유산균	• 젖산 분비 • 유기산 생성 • 토양의 인산 활성화 • 식물의 생육 촉진	• 유기질비료 • 액비
광합성균	• 나선형 모양 • 가스 장해 해소 • 발근 촉진 • 카로티나이드 색소	• 액비
효모	• 유기물의 발효(포도당과 단백질 분해) • 식물의 생육 촉진 • 가축의 사료 기호도 증진과 영양 공급	• 유기질비료
곰팡이	• 유기물(섬유소) 분해 • 병원성 곰팡이 중복기생(트리코데르마) • 인산을 가용화하는 능력(페니실륨)	• 유기질비료
방선균	• 유기물(리그닌) 분해 • 식물의 병원균 억제 • 항생물질 생산(의약항생제 생산) • 흙냄새	• 유기질비료 • 퇴비

5. 미생물상으로 본 토양의 4가지 유형

(1) 부패형腐敗型 토양

토양의 사상균 가운데 푸사리움(Fusarium)의 점유율이 높고(15~20% 이상), 가용 성분이 많은 미숙 유기물(미숙 축분) 등을 사용하면 악취가 나고 구더기가 발생하거나 여러 해충이 모여드는 토양을 부패형이라고 한다. 병해충이 발생하기 쉽고, 미숙한 유기물을 사용하면 피해가 크다.

현재 일반 토양의 90% 이상이 부패형 토양이다. 무기양분이 불용화하여 토양이 딱딱하고 물리성도 좋지 않다. 논에서는 가스도 많이 발생한다. 또 화학비료나 농약의 지나친 사용, 특히 토양 훈증처리에 따라 미생물상이 편중되며 부패형 토양이 된다.

(2) 정균형淨菌型 토양

항생물질을 생성하는 미생물이 많으며 토양 병충해가 나타나기 힘든 토양을 정균형이라 한다. 페니실륨이나 트리코데르마, 스트렙토미세스 등이 활발히 활동하며, 사상균 가운데 푸사리움의 점유율이 5% 이하인 토양에서는 병해충의 발생이 매우 적다.

질소분이 높은 생유기물을 넣어도 부패하는 냄새가 적고, 분해된 뒤에는 산의 흙 냄새가 난다. 토양도 비교적 떼알구조에 가깝고 투수성도 양호하다. 이렇게 병이 잘 발생하지 않지만 수량은 약간 떨어진다. 여기에 합성형이 연동하면 생산력이 높아진다.

(3) 발효형醱酵型 토양

유산균이나 효모 등을 제제로 하는 발효 미생물이 우점하고 있는 토양으로, 생유기물을 시용하면 향긋한 발효 냄새가 나는 누룩곰팡이가 다량으로 발생한다. 푸사리움의 점유율도 5% 이하로 낮고, 배수성이 좋은 떼알구조의 흙이다. 토양이 부슬부슬하고, 작물이 무기양분을 잘 흡수할 수 있는 상태이다. 토양에 아미노산·당류·비타민·기타 생리활성물질이 많아 작물이 잘 생육하도록 촉진한다. 또 논에서는 가스의 발생도 억제된다. 한마디로 말하면, 어떠한 토양이든 유기물을 시용하여 발효형 미생물이 우점하도록 만들어 장기간 유지하면 발효형 토양으로 변화한다. 발효형 미생물의 종류는 다종다양하며, 그 생성물이 유해균의 번식을 돕는 것이 아니라면, 굳이 세균이나 효모균뿐만 아니라 곰팡이 등이라도 좋다.

(4) 합성형合成型 토양

광합성 세균이나 조류藻類, 질소고정균 등 합성형 미생물이 우점하고 있는 토양에서 수분이 안정되어 있으면 소량의 유기물을 시용해도 토양이 비옥해진다. 푸사리움의 점유율도 낮아서 정균형 토양과 연동하는 경우가 많아지며, 논에서는 가스 발생도 억제된다. 발효형과 합성형이 강하게 연동하면 발효합성형 토양이라는 가장 이상적인 토양이 된다.

|부록 5| 퇴비의 품질을 검사하는 방법과 시료 채취 기준의 개정(2012. 10. 23.)

개정 전	개정 후	비고
사용하는 종자 : 무	동일한 품종의 종자를 사용하되, 발아율 85% 이상의 종자를 사용	균일한 종자를 사용함으로써 발아지수의 오차를 줄임.
5g의 건물 퇴비를 증류수 10ml에 넣고 70℃에서 2시간 동안 환류, 냉각한다. 그리고 NO.2 여과지에 여과한 뒤 5ml의 여과액을 여과지를 깐 페트리디시(유리용기)에 넣는다.	시료 Ag[A=5×100/(100-수분)]을 삼각플라스크에 넣고 증류수 100ml를 붓는다. 이어서 밀봉하여 항온수조에 넣고 70℃에서 2시간 동안 추출하고 NO.2 여과지로 여과하여 여과지가 2장 깔린 페트리디시에 여과액 5ml를 넣는다.	여과지를 1장에서 2장으로 하여 종자가 페트리디시에서 균일하게 자리 잡게 하고, 건물에서 현물 상태의 퇴비로 바꾸어 종자를 발아하도록 하여 오차를 줄임.
페트리디시 하나에 무 종자 30개를 넣는다. 대조구에는 증류수 5ml을 넣고 3회 반복으로 한다.	페트리디시 하나에 무 종자 30개를 넣는다. 대조구에는 증류수 5ml를 넣고 모든 처리구를 3회 반복으로 한다.	모든 처리구를 똑같이 3회의 반복으로 처리해 발아지수 결과의 정확성을 높임.
페트리디시를 파라필름으로 감아 수분의 증발은 막고 통기는 되게 한다.	페트리디시는 파라필름으로 감아 수분의 증발을 막는다.	
실온(25~30℃) 또는 생육상의 온도를 25℃로 맞추고, 빛은 종자의 발아조건에 따르며 특별하게 차단하지 않는다.	생육상의 온도를 25±1℃, 습도는 85±1%로 맞추고, 빛은 종자의 발아조건에 따르며 특별히 인공적인 빛은 비추지 않는다.	통일된 환경기준을 설정하여 더 나은 발아지수 결과를 산출.
1~3일 뒤에 페트리디시의 수분을 점검하여 필요하면 보충한다.	72시간 뒤 페트리디시 안의 수분을 점검하여 필요하면 모든 처리구에 3ml의 증류수를 보충하고 다시 파라필름을 감아 수분의 증발을 막는다.	실험자의 주관적인 판단에 따라 수분을 보충함으로써 최종 결과에 영향을 미치는 오차를 제거.
5일 뒤 발아율과 뿌리의 길이를 측정한다.	종자를 처리한 뒤 120~125시간 사이에 발아율과 뿌리의 길이를 측정한다.	

| 부록 6|

소지황금출掃地黃金出합시다

_ 2011년 입춘

오늘은 입춘이다. 40~50년 전 시골 농가에서는 집 기둥에 붙인 '입춘대길立春大吉'과 더불어 '소지황금출掃地黃金出'이라는 글귀를 볼 수가 있었다.

이는 마당을 쓸고 농사에서 얻은 각종 부산물과 폐기물들을 청소해서 모아 질 좋은 퇴비를 만들어 다시 농토에 되돌려줌으로써 농사가 잘되어 큰 소득(황금)을 얻을 수 있다는 뜻일 것이다.

최근 우리가 지향하고 있는 유기재배를 하려면 땅심을 살려야 하고 땅심을 살리려면 질 좋은 퇴비가 들어가지 않으면 절대로 되지 않는다. 그런데 전국적으로 다녀보면 농민들의 이야기가 참으로 재미있다.

저마다 유명하다는 농업관계 강사들이 와서 교육을 할 때 땅에 발효된 완숙퇴비를 넣어야 된다고 하면서도 "완숙퇴비가 어떤 것이고 어떻게 만들어야 하는가?" 하고 물으면 우물쭈물 그냥 넘어간다는 것이다.

그런데 나는 퇴비업계와 유기농업에 한평생 종사하면서 수많은 시행착오와 때로는 쓰라린 실패를 맛보며 직접 만든 여러 가지 퇴비로 유기재배를 해보았다. 내가 아는 지식이 100% 정답이라고는 할 수는 없지만 우리 농업에 종사하는 식구들이 이 내용들을 조금이라도 이해한다면 농사에 좋을 것 같아 간략하게 퇴비의 중요한 부분만을 몇 가지 정리해서 적어 보고자 한다.

평소에 난 흙살리기라는 단어를 무척 좋아한다. 왜냐하면 우리가 요즘 추구하는 유기재배는 땅을 안 살리고는 농사도 안 되고 맛과 영양 모두를 얻을 수 없기 때문이다.

다음의 분류는 현실적인 면을 고려해서 임의로 분류했음을 참고하시기 바란다.

1. 퇴비의 종류

구비, 계분발효퇴비, 왕겨퇴비, 청초퇴비, 볏짚발효퇴비, 톱밥퇴비(목재 원료의 총칭) 등등으로 나눌 수 있으며, 모든 유기물은 퇴비의 원료가 되며 그 원료에 따라 명칭을 붙일 수 있다.

2. 퇴비의 용도별 분류

(1) 토양개량제 또는 지력을 높이기 위한 퇴비(지력 유지용)

톱밥퇴비와 갈대나 밀짚·보릿짚·볏짚 같은 탄소질이 높은 원료를 발효시킨 것을 말하며, 대량으로 넣을 때는 질소 기아현상이 일어나지 않을 정도로 질소를 적게 투입해서 발효시킨 것을 가리킨다.(생볏짚 1톤을 발효 없이 그대로 밭에 주면 오히려 질소 6kg을 잃는다.)

(2) 속효성 퇴비(화학비료 대체용)

작물에 영양을 공급하기 위해 분해가 빠른 쌀겨나 유박 등을 단기간에 발효시킨 종류로, 이런 원료로는 지력을 높이지 못한다. 단순히 화학비료와 같은 속효성 비료로 보면 될 것이다. 현재 비료관리법상 분류에서 보면 부산물비료 가운데 유박은 유기질비료에 속하고 퇴비는 부숙유기질비료에 속하는데 유박의 제조 기준에는 발효 과정이 없다. 퇴비는 반드시 발효 과정을 거쳐야 한다. 따라서 같은 유기물이라 할지라도 발효를 안 시킨 쌀겨와 유박은 유기질비료에 속하고, 조금이라도 발효를 시키면 부숙 유기질퇴비로 분류한다.

(3) 일반적인 퇴비(현상 유지용)

현재 시중에서 유통되는 일반적인 퇴비 종류로 탄소질이 높은 톱밥퇴비를 제외한 일반 퇴비를 단보당 3톤 미만을 사용할 때에 현상 유지의 지력과 영양공급원으로 보면 될 것이다.

경작하는 논밭에 질소 성분을 포함한 영양분이 많고 토양 유기물이 적은 땅은 (1)의 퇴비를, 토양 유기물 함량은 높은데 영양분이 부족한 땅은 (2)의 퇴비를 주로 사용하도록 하고, 땅심이 어느 정도 수준급이고 안정되어 있다면 앞의 (1)과 (2)를 적당히 혼합하든지 일반적인 퇴비 (3)을 사용하면 될 것이다.

3. 퇴비의 용도별 성분과 제조 방법

우리가 일반적으로 알고 있는 퇴비 상식으로는 모든 퇴비 속의 성분이 거의 대동소이하다고 하는데 이는 크게 잘못된 상식이다.

톱밥퇴비의 예를 보더라도 고질소함유 톱밥퇴비(단기간의 다비작물용), 중질소함유 톱밥퇴비(수도작, 전작, 다비용 시설원예, 일반 화분용토용), 저질소함유 톱밥퇴비(멀칭용, 질소 과잉밭, 과채 및 화훼용토용)로 질소량을 차별화하여 발효시켜야 한다.

지난번 「나는 유기재배를 이렇게 생각한다―전후편」 후편에서, 토양 유기물을 단보당 2%에서 4%로 올리기 위해서는 볏짚퇴비 40톤을 한 해에 동시에 넣어야 한다고 서술했다. 그렇다. 그렇게 하면 분명히 된다. 실제로 해보면 알 것이다.

그러나 일반적으로 우분이나 돈분을 많이 넣어 질소 성분이 높은 볏짚퇴비를 만들어 넣으면 안 된다.

당연히 질소를 포함해서 영양 과잉이 된다. 물론 지력을 높여 농사지으려는 농민치고 그렇게 하는 사람은 거의 없을 것이다. 왜냐하면 염류 과잉 집적의 피해를 이미 알고 있는 경험자들이기 때문일 것이다.

그러면 어떻게 하면 될까? 썰어놓은 건조볏짚(보통 수분 함량 15% 정도) 1톤에 생수 2톤, 쌀겨 50kg, 퇴비 발효제 2kg을 기준으로 혼합해서 보름 내지는 한 달가량 발효시켜 사용하면 훌륭한 토양 개량제 퇴비(지력 유지용)가 된다.

이때 퇴비의 질소 함량은 0.5% 정도로 그 영양원은 작물에 거의 미치지 않고 유기물의 분해에만 이용된다. 정말로 훌륭한 볏짚퇴비이며, 땅심을 빠르게 높인 적이 있다.

이는 땅심을 높이는 것도 퇴비 제조기술에서부터 시작된다는 뜻이며 땅의 물리성 개선은 인위적으로 배수구를 내는 것 외에 모든 것이 퇴비를 빼놓고는 이루어질 수 없다.

그리고 톱밥퇴비 같은 탄소성분이 아주 높은 소재라 할지라도 대량 (적어도 10톤 이상)으로 발효를 할 때 질소원으로 유박이나 쌀겨를 5% 이상만 넣어주면 발효가 잘된다.

4. 기타 참고사항 _전 흥농종묘주 정덕교 상무의 글 참조

(1) 계분이나 종박(유박)을 주면 리그닌이 없다. 따라서 이 퇴비들을 아무리 많이 넣어도 토양에 부식이 1g도 생기지 않는다. 볏짚 375kg(100관)을 주면 1년 후에는 포장에 17kg(4.5관)의 리그닌이 생긴다. 목재는 볏짚의 약 11배의 리그닌을 가지고 있다.

(2) 유기질은 작물 뿌리에 자극을 주어 발근을 촉진한다.

(3) 지렁이는 부식을 먹고 산다. 부식을 지렁이가 먹이로 하면 지렁이의 배설물에서 질소는 5배, 인산은 8배, 칼륨은 11배가 된다. 지렁이가 많은 땅은 다른 비료가 거의 필요 없다.

(4) 지렁이는 선충의 천적이다. 특히 줄무늬지렁이는 단백질 파괴 효

소를 갖고 있어 이 효소로 선충을 액상으로 용해시켜 먹는다.

(5) 톱밥퇴비 발효시 분리 추출된 '트리코데르마 하지아눔(Trichoderma harzianum)'이 방제하는 병은 다음과 같다.

- 잿빛곰팡이병: 오이, 토마토, 딸기, 고추, 들깨, 부추, 미나리, 애호박, 포도, 감귤
- 모잘록병: 거베라, 장미, 무, 양파, 감자
- 문고병, 도열병: 벼
- 브라운패치, 라지패치(잔디병): 잔디
- 균핵병: 미나리, 고추, 배추, 상추, 애호박 등
- 덩굴마름병: 수박
- 녹병: 파, 마늘
- 흑성병: 배
- 갈반병: 사과
- 탄저병: 고추, 딸기, 포도, 매실, 단감, 감귤

|부록 7| 주요 유기성 폐기물 종류별 중금속 함량 분포

종류	성분	함량(건물 기준, mg/kg)			시료수
		최저	최고	평균	
우유공장 폐기물	구리(Cu)	27.0	183.0	72.4	14
	크롬(Cr)	nd	89.8	28.0	14
	카드뮴(Cd)	nd	4.8	0.4	13
	납(Pb)	nd	56.9	9.0	13
유지공장 폐기물	구리(Cu)	11.0	73.0	42.6	7
	크롬(Cr)	nd	360.0	116.9	6
	카드뮴(Cd)	9.3	29.0	19.2	2
	납(Pb)	50.0	372.0	191.0	6
음료공장 폐기물	구리(Cu)	33.0	446.0	163.3	13
	아연(Zn)	75.8	4,116.0	1,151.0	13
	크롬(Cr)	8.0	237.0	89.1	13
	카드뮴(Cd)	nd	56.0	17.2	13
	납(Pb)	nd	392.0	148.4	11
피혁공장 폐기물	구리(Cu)	2.0	533.0	82.4	13
	아연(Zn)	2.0	257.9	100.3	12
	크롬(Cr)	71.0	12,933.0	5,446.0	12
	카드뮴(Cd)	nd	16.5	6.5	8
	납(Pb)	9.0	178.0	73.7	11
제지공장 폐기물	구리(Cu)	nd	444.0	110.5	24
	아연(Zn)	33.9	1,320.0	347.2	20
	크롬(Cr)	nd	134.0	42.3	20
	카드뮴(Cd)	nd	19.0	2.9	14
	납(Pb)	nd	215.0	42.3	16

* nd는 검출되지 않음을 뜻함

| 참고 문헌 |

1. 표준영농교본(89) 친환경농업을 위한 퇴비제조와 이용(농촌진흥청, 2002)
2. 표준영농교본(123) 두과녹비작물재재 이용(농촌진흥청, 2011)
3. 녹비작물자원도감(농촌진흥청, 2011)
4. 친환경쌀생산기술(농촌진흥청, 2007)
5. 흙살리기와 시비기술(농협중앙회, 2001)
6. 토양학(조성진 외 2명, 향문사, 1996)
7. 토양학(김계훈 외 13명, 향문사, 2008)
8. 흙살림 자료집(흙살림연구소, 2012)
9. 흙을 살리는 길(이태근, 흙살림연구소, 2008)
10. 미생물과 산업(정영륜, 1992)
11. 친환경퇴비 제대로 알기(석종욱, 흙살림정보지, 2009)
12. 유기김치논문집(박건영, 1998 · 2002)
13. 폐재의 토양개량제 제조연구(조남석, 영남대 자원문제연구소, 1990)
14. 자연농약에 의한 병충해방제(한국유기농업보급회, 서원, 1992)
15. 폐재퇴비(植村誠次, 전국임업개량보급협회, 1969)
16. 미생물농법(상하)(島本邦彦, 효소의 세계사, 1968 · 1970)
17. 유기물을 시용한다(農文協 편집부, 1987)
18. 화훼원예(鶴島久南, 養賢堂, 1974)
19. 흙과 생명(中嶋常允, 地湧社, 1999)
20. 흙을 알아야 농사가 산다(이완주, 들녘, 2009)

21. 유용미생물 활용기술 자료집(코린코리아, 2001 · 2003)

22. 흙과 퇴비와 유기물(松崎敏英, 家の光協會, 1996)

23. 일본 현대농업(농문협, 1996 · 1997)

24. 바크퇴비 제조 이용과 실제(河田弘, 博友社, 1982)

25. 흙이 죽어가고 있다(최정, 혜안, 1999)

26. 미생물비료시용효과(김주현 외 1명, 1997)

27. 외류의 만할병에 대한 톱밥우분퇴비의 시용효과(淸水寬二 외 1인, 1983)

28. 토양시료채취요령, 퇴비발효에 따른 장단점(최관호, 2012)

29. 유기농업자재의 이론과 실제(윤성희, 흙살림연구소, 2008)

30. 퇴비차(정대이, 2011)

31. 도본 미생물농법(島本邦彦, 농문협, 1988)

32. 유기물의 시용 효과와 퇴비제조 방법(최두회, 농과원, 2009)

32. 가축분뇨 퇴 · 액비 품질관리와 활용(농진청, 국립농업과학원, 2012)

33. 흙(이완주, 들녘, 2012)

흙. 아는 만큼 베푼다

_이완주 박사가 들려주는 '농부가 꼭 알아야 할 흙 이야기'
이완주 지음 | 국판 336쪽 | 올 컬러

우리가 미처 몰랐던 흙의 속사정

농업인에게 흙은 애증의 대상이자 생계의 수단이다. 좋은 흙, 건강한 흙 없이는 소출을 낼 수 없다. 하지만 흙의 성격을 잘 이해하고 친하게 지내는 사람은 별로 없다. 그 속을 들여다볼 수도 없거니와 그 안에서 끊임없이 일어나는 화학적인 변화를 도무지 예측할 수 없는 탓이다. 그만큼 흙 속에서 이루어지는 다양한 변화는 상상 이상으로 복잡하다. 알기 쉽게 설명하기도 어렵다.

이 책은 어렵고 복잡한 흙의 생리를 이야기처럼 풀어내어 독자를 변화무쌍한 흙의 세계로 안내하는 길라잡이다. 필자가 이 책에서 강조하는 키워드만 확실하게 이해해도 흙을 알고 농사를 살리는 데 문제가 없을 것이다.

흙을 알아야 농사가 산다

_쉽게 풀어본 흙의 과학과 시비기술
이완주 지음 | 국판 240쪽 | 올 컬러

2007 김포시 농업기술센터 선정도서 | 2009 충북 농업연구원 선정도서·농촌 여성신문사 우수도서선정 | 2011 사천시 농업기술센터 선정도서 | 2011 음성군 농업기술센터 선정도서

흙과 비료, 어떻게 관리하고 어떻게 사용해야 할까?

농사를 짓는 데 반드시 알고 있어야 할 흙의 성질과 비료 이야기를 아주 쉽고 재미있게 풀이한 책이다. 1부에서는 흙에 관한 이론적인 내용을 소개하고, 2부에서는 농민이 농사를 지으면서 맞닥뜨리는 문제점들에 대한 답을 제시한다. 흙에 대한 이론과 실제를 동시에 취급한 실용적인 지침서이다.

유기농 채소 기르기 텃밭백과

박원만 지음 | 사륙배판변형 576쪽 | 올 컬러
2009년 정농회 선정도서

10년 동안 직접 기르며 쓴 유기농 채소 텃밭일지
초보자들이 자신의 밭 상황과 책 내용을 비교해보면서 농사지을 수 있도록 친절하고 상세하게 텃밭농사의 전 과정을 담은 책이다. 씨뿌리기부터 싹트는 모습, 밭 만들기, 자라는 모습, 병든 모습, 수확하는 모양까지 직접 찍은 사진을 1,400여 장 실었다. 이 책의 미덕은 작물이 병충해에 피해를 입었을 때 어떤 모습이 되는지, 피해를 예방하려면 어떻게 해야 하는지 등을 일일이 기록하고 사진으로 직접 보여준다는 데 있다. 전국서점 자연과학 분야에서 베스트셀러 자리를 놓치지 않을 만큼 귀농인과 도시농부들에게 가장 인기가 많은 책이다.

"실험실을 잠시 자연으로 옮겨 이 책을 완성했습니다. 실험이 잘 안 될 때는 1년을 기다려 다시 파종하고 식물이 자라는 모습을 기록했습니다. 만약 이 일이 생계였다면 이런 식의 관찰자적인 농사는 짓지 못했을 겁니다. 평생 직업으로 농사를 짓는 농부들에게는 부끄러운 일이지요." _ 지은이의 말 중에서

나의 애완 텃밭 가꾸기

이학준 글·그림 | 크라운판 변형 248쪽
중국 하남과기출판사 수출

공감 백 퍼센트, 만화로 읽는 텃밭 매뉴얼
텃밭 가꾸는 데 필요한 거의 모든 내용을 만화로 재현한 책. 거름을 만드는 법부터 씨 뿌리기, 모종 심기, 물주기, 웃거름 주기, 솎아주기, 수확하기 등 텃밭농사에 필요한 A부터 Z까지를 포괄적으로 다루되, 실전에서 우러나온 경험을 양념처럼 곁들여 읽은 즐거움을 배가했다. 일단 책을 펴놓고 읽으면서 머릿속에 남은 것을 따라 하면 된다. 텃밭농사를 시작하는 시점인 3월부터 농기구를 정리하고 사람도 땅도 잠시 휴식을 취하는 11월까지 텃밭농사법을 월별로 정리하여 해당 월에 꼭 하고 넘어가야 할 일이나 잊으면 안 되는 점들을 정리해놓았다. 귀농을 꿈꾸거나 준비하는 사람들의 필독서.

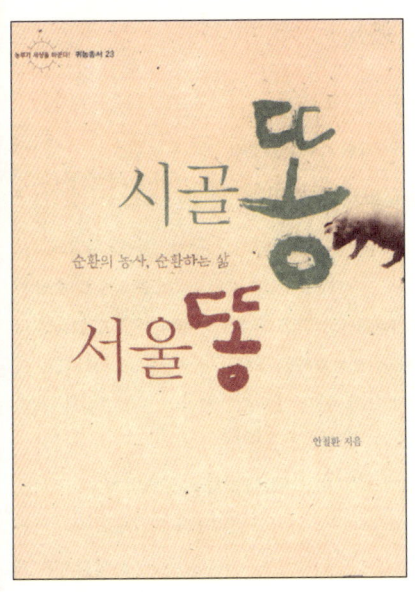

순환의 농사, 순환하는 삶 시골똥 서울똥

안철환 지음 | 국판 248쪽

똥이 순환되어야 생명이 산다!

우리 조상들은 똥을 소중하게 다뤘다. 밥은 나가서 먹어도 똥은 기필코 집에 와서 쌌을 만큼 귀한 자원으로 여겼다. 똥이 먹을거리를 생산하는 거름의 재료로 쓰인 탓이다. 똥이 순환한다는 말은 이런 맥락에서 나왔다. 환경오염, 생태계의 파괴 문제는 밥과 똥의 순환이 끊긴 데서부터 비롯되었다고 해도 과언이 아니다. 흙과 곡식과 똥의 순환 관계에서 핵심 고리는 똥이다. 똥이 없어도 농사는 가능하다. 그러나 결국 흙과 곡식은 다 망가질 것이다.

문명의 핵심은 발전이 아닌 순환이고, 획일화가 아닌 다양성이다. 모든 순환은 똥의 순환으로 시작되며, 다양성은 종자의 다양성으로 완성된다. 이 책은 오늘날 심각한 문제가 된 지구의 환경오염이 밥과 똥의 순환이 끊긴 데서부터 비롯되었다고 역설한다. 그리고 화학비료로 피폐해진 우리 땅을 살리는 진정한 대안을 제시한다.

자연을 꿈꾸는 뒷간

이동범 지음 | 국판 232쪽 | 올 컬러

발품 팔아 집필한 국내 최초의 '전통 뒷간' 보고서

전통 문화 유적지를 답사하면서 저자는 절간의 해우소에 관심을 갖게 되었다. 언덕이라는 자투리 공간을 효율적으로 이용하는 동시에 농사에 쓸 거름을 만들어내는 퇴비 공장의 역할을 절감한 탓이다. 그 후 귀농생활을 시작한 저자는 무공해 유기농업을 위한 거름을 연구하기 위해 뒷간 조사를 시작, 그로부터 1년 동안 전국을 돌아다닌다. 이 책은 저자의 헌신과 열정이 오롯이 담긴 '국내 최초의 뒷간 보고서'이다.

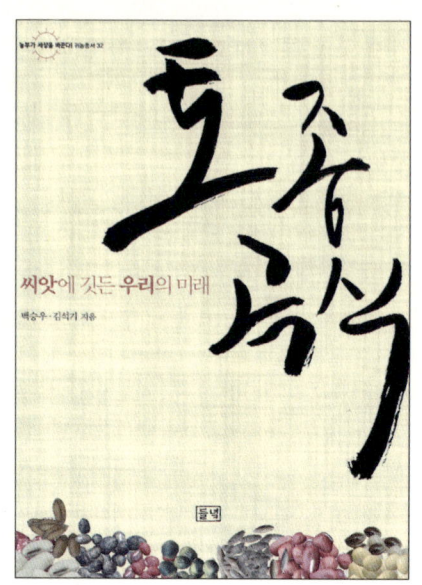

토종 곡식

_씨앗에 깃든 우리의 미래

백승우·김석기 지음 | 국판 224쪽 | 올 컬러

건강한 세상을 만드는 토종 곡식의 귀환!

토종 곡식이 사라지고 있다. 대대손손 농사일을 이어오며 부모로부터 곡식 씨앗을 받아 기르던 농민이 줄어들면서 그 씨앗도 함께 사라졌다. 씨앗의 소멸은 또 다른 소멸을 부른다. 씨앗이 없으면 다양한 작물을 기를 때 사용하던 농기구, 농사법 등이 사라지고, 그 곡식으로 해먹었던 요리마저 없어진다. 우리네 고유한 농경문화가 사라지는 것이다.

이 책은 아직 살아 있는 토종 씨앗에 관한 기록이다. 밀, 호밀, 보리, 율무, 수수, 팥, 콩, 조, 기장, 참깨 등 이름만큼 모양새도 각기 다른 곡식들. 이들은 '잡곡'으로 불리며 '잡스러운' 취급을 당했지만, 쌀의 빈자리를 채워준 고마운 존재다. 무관심 속에서도 여전히 살아 숨 쉬고 있는, 풍요롭고 건강한 토종 곡식 이야기.

내 손으로 받는 우리 종자

안완식 지음 | 국판 324쪽 | 올 컬러

2008년 진안군청 선정도서

대대로 내려온 우리 농부들의 자가채종법

자가채종을 하는 비전문가들이나 오래전부터 전해 내려오는 농부들의 방법을 국내 최초로 체계화한 책. 한 뙈기 밭에서도 얼마든지 우리 종자를 키워낼 수 있다. 종자는 농가 현지에서 계속 재배되어야 한다. 같은 종자라도 100년 동안 냉장고에 있던 것과 현지에서 계속 재배되고 채종해온 것은 전혀 다른 종자가 된다. 종자란 환경 변화에 능동적으로 대응할 줄 아는 생명체다.

이 책은 60여 가지 필수 작물들의 유래와 채종법, 그리고 종자의 사후 관리법까지 꼼꼼히 담아냈다. 우리 땅 우리 토종을 지키는 사람들을 위한 최고의 길라잡이.